中等职业教育改革与创新成果教材

金属材料及热处理

第2版

主　编　王英杰

副主编　安宏宇　金　升

参　编　同金叶

主　审　杜　力

机　械　工　业　出　版　社

本书共分十个单元，主要内容包括金属材料与机械产品制造过程简介、金属材料的性能、金属材料的晶体结构与结晶、铁碳合金相图、非合金钢、钢材热处理、低合金钢与合金钢、铸铁、非铁金属及其合金、金属材料的选择与分析。

本书具有以下特点：第一，注重在理论知识、素质、能力、技能等方面对学生进行全面的培养；第二，注重吸取现有相关教材的优点，充实新知识、新工艺、新技术等内容，简化过多的理论介绍，并采用最新标准；第三，突出中等职业教育特色，做到图解直观形象，尽量联系现场实际；第四，通过教学活动培养学生的工程意识、经济意识和环保意识；第五，注重文字叙述精炼，通俗易懂，并配有小知识等内容；第六，每个单元都配备了各类综合训练题、交流与研讨题、课外调研活动等，引导学生积极思考，形成师生相互交流与研讨的气氛，培养学生应用理论知识的能力。

为方便教学，本书配套有相关课件和方便学生复习以及教师组卷的模拟试卷和标准答案，凡选用本书作为授课教材的教师，均可以教师身份登录 www. cmpedu. com 免费下载，或来电咨询：010－88379197。

本书主要面向中等职业学校的学生，还可作为职工培训及技工学校的教材。

图书在版编目（CIP）数据

金属材料及热处理/王英杰主编. —2 版. —北京：机械工业出版社，2015. 5（2021. 1 重印）

中等职业教育改革与创新成果教材

ISBN 978-7-111-49284-9

Ⅰ. ①金…　Ⅱ. ①王…　Ⅲ. ①金属材料－中等专业学校－教材②热处理－中等专业学校－教材　Ⅳ. ①TG14②TG15

中国版本图书馆 CIP 数据核字（2015）第 023828 号

机械工业出版社（北京市百万庄大街 22 号　邮政编码 100037）
策划编辑：齐志刚　责任编辑：齐志刚
版式设计：霍永明　责任校对：肖　琳
封面设计：鞠　杨　责任印制：郜　敏
涿州市京南印刷厂印刷
2021 年 1 月第 2 版第 6 次印刷
184mm×260mm · 10. 75 印张 · 251 千字
标准书号：ISBN 978-7-111-49284-9
定价：27. 00 元

电话服务	网络服务
客服电话：010-88361066	机　工　官　网：www. cmpbook. com
010-88379833	机　工　官　博：weibo. com/cmp1952
010-68326294	金　　书　　网：www. golden-book. com
封底无防伪标均为盗版	机工教育服务网：www. cmpedu. com

第2版前言

为了贯彻落实《国务院关于加快发展现代职业教育的决定》，针对目前中等职业教育缺少新颖的、合适的《金属材料及热处理》教材的状况，在查阅了大量参考资料的条件下，对本书第1版中存在的问题和缺陷进行了分析，组织编写了第2版。

一、修订的基本思路

1. 保持第1版教材的适用范围和定位；保持第1版教材的框架结构，如单元顺序和图表；保持第1版教材在文字说明方面的精炼、通俗易懂和形象直观的特色，进一步对文字说明和图表进行推敲、修改和完善。

2. 适应目前中职教育教学改革中出现的新情况、新问题、新要求，简化部分教学内容及其难度，使理论知识科普化，形成容易理解的职业常识和实践经验；突出实践环节，加强工艺流程和应用范围的介绍，使学生对零件加工工艺过程具有初步认识；贴近生产过程，并为后续相关课程进行必要的知识铺垫。

3. 修改第1版教材中存在的问题和错误，补充部分新内容、新材料、新技术和新知识，更新旧标准，使第2版教材的内容更合理和更充实。

4. 注重将枯燥的专业知识趣味化，渗透文化特色，引导学生进行相互探究、相互交流和相互协作，培养团队协作精神，掌握正确的学习方法。

5. 贯彻“由简单到复杂，由初级到中级，再由中级到高级的思路”，合理安排教学内容，保证学生既能系统地学习和掌握相关职业知识和技能，又能使学生始终保持旺盛的学习兴趣和积极性。

6. 针对目前中等职业教育存在的淡化基础知识的培养的问题，为了提升学生的就业能力、转岗能力和可持续发展能力，加强对学生进行“宽基础，复合职业技能和职业素质”的培养。

二、主要修改和补充的内容

1. 对部分表格进行了修改，使内容更精炼和典型，突出了重点。

2. 采用相关的最新国家标准。

3. 对个别图进行了更新和重新修改，使图的形式更统一和准确，而且形象直观。

4. 对个别定义和概念进行了修订，如规定残余延伸强度、不锈钢等概念。

5. 补充了更多的拓展知识等相关内容，增强了知识的趣味性和科普性。

三、本书的教学目标

1. 比较系统地介绍金属材料的生产、性能、牌号及应用方面的知识。

2. 立足中等职业教育的培养目标以及学生自身的发展需要，教材内容覆盖面宽、系统、严谨、层次分明，突出实践性，注重理论与实际相结合；对学生的职业素质和职业能力进行均衡培养，引导学生学会应用所学的理论知识解决一些实际问题，初步使学生建立一定的解决实际问题的感性经验，做到触类旁通，融会贯通。

3. 造就开放式和探究式学习环境，培养学生团结合作的精神，鼓励学生之间、师生之间相互交流，勇于探讨问题的学风，适应终身学习型社会的需要；引导学生深入社会，了解企业状况，探索解决实际问题的途径。

4. 注重将理论知识科普化和趣味化，培养学生的自学能力，以适应终身学习型社会的发展需要。

5. 引导学生善于利用信息社会提供的现代化信息技术手段拓宽知识面，培养学生的信息素养。

四、本书的特色

本书在编写内容上尽量做到布局合理、丰富、新颖；在内容组织上注重逻辑性与系统性，并注重理论与实际相结合；在语言文字方面做到精炼、准确、通俗易懂；在时代性上尽量反映新知识、新材料、新技术和新工艺，以使教师和学生的认识跟上时代的发展步伐。

本书每单元设有较全面的思考题，供学生自学时自我检查是否掌握和理解了所学的基础知识。本书建议学时（总学时48学时）分配见下表。

单元	建议学时	单元	建议学时	单元	建议学时
绪论、第一单元	4	第五单元	2	第九单元	4
第二单元	4	第六单元	8	第十单元	2
第三单元	6	第七单元	6	综合训练	6
第四单元	4	第八单元	2		
总计	48（包括综合训练6学时）				

本书由王英杰任主编，安宏宇、金升任副主编。全书由王英杰制订编写提纲和统稿，由杜力主审。绪论、第一至四单元、第七单元、第九单元由太原铁路机械学校王英杰编写；第六单元由太原铁路机械学校同金叶编写；第五单元由浙江师范大学交通学院金升编写；第八单元和第十单元由张家口职业技术学院安宏宇编写。

由于编者水平有限，书中难免有错误和不妥之处，恳请广大读者批评指正。本书在编写过程中参考了大量的文献资料，在此向文献资料的作者致以诚挚的谢意。

编　者

第1版前言

本书是根据中等教育培养目标的要求编写的，是工科中等职业技术教育的通用教材。为了适应素质教育需要，以及国务院要求大力发展中等职业教育的精神，针对目前中等职业技术教育缺少合适的《金属材料及热处理》教材的状况，我们查阅了大量的参考资料，进行了多次专题交流与研讨，组织编写了本书。

本课程的教学目标是：

1）比较系统地介绍金属材料的生产、性能、牌号及应用方面的知识。

2）培养综合应用能力，引导学生学会应用所学的理论知识解决一些实际问题，使学生积累一定的解决实际问题的感性经验，做到触类旁通，融会贯通。

3）造就研究型学习环境，培养学生团结合作、相互交流、勇于探讨问题的学风，适应终身学习型社会的需要。

4）实行开放式教学方式，引导学生深入社会，了解现代企业的状况。

5）培养学生的信息素养，引导学生善于利用现代信息技术拓宽知识面。

本书在编写内容上尽量做到合理、丰富、新颖；在内容组织上注重逻辑性与系统性，并注重理论与实际相结合；在语言文字方面做到精炼、准确、通俗易懂；在时代性上尽量反映新知识，使教师和学生的知识跟上时代发展步伐；在版式上尽量做到新颖、活泼。

本书每个单元都设有较全面的各种类型的思考题，供学生自我检查是否掌握和理解了所学的基础知识。本书除供中等职业教育学校使用外，还可作为中级技术工人培训及技工学校用教材。本书建议课时（总课时42学时）分配见表0-1。

表0-1　课时分配

单元	建议学时	单元	建议学时	单元	建议学时
绪论、第一单元	2	第五单元	2	第九单元	4
第二单元	4	第六单元	6	第十单元	2
第三单元	6	第七单元	4	综合训练	6
第四单元	4	第八单元	2		
总计	42（包括实验6学时）				

本书主编为王英杰，副主编为安宏宇、金升。全书由王英杰制订编写提纲和统稿。绪论、第一单元、第二单元、第三单元由太原铁路机械学校王英杰编写；第四单元由太原铁路机械学校同金叶编写；第五单元由浙江师范大学交通学院金升编写；第六单元、第七单元、第八单元、第九单元和第十单元由张家口职业技术学院安宏宇编写。

由于编写时间及编者水平有限，书中难免有错误和不妥之处，恳请广大读者批评指正。本书在编写过程中参考了大量的文献资料，在此向文献资料的作者致以诚挚的谢意。

编　者

目　录

绪　论

金属材料是人类社会发展的重要物质基础，人类利用金属材料制作了生产和生活用的工具、设备及设施，改善了自身的生存环境与空间，创造了丰富的物质文明和精神文明。因此，金属材料与人类社会的发展密切相关。

在近代，材料专家把金属材料比作现代工业的骨架，并且，金属材料的大规模生产及其消耗量的急剧上升，极大地促进了人类社会经济和科学技术的飞速发展。今天，如果没有耐高温、高强度、高性能的钛合金等金属材料，就不可能有现代宇航工业的发展。因此，人类科学技术的发展与进步以及整个社会的生活与生产活动，如果离开金属材料，都是不可能进行的。

同时，随着金属材料的广泛使用，地球上现有的金属矿产资源也越来越少。据估计，铁、铝、铜、锌、银等几种主要金属的储量，只能再开采 100～300 年。怎么办呢？一是向地壳的深部要金属；二是向海洋要金属；三是节约金属材料，寻找它们的代用品。目前，世界各国都在积极采取措施，不断改进现有金属材料的加工工艺，提高其性能，充分发挥其潜力，从而达到节约金属材料的目的，如轻体汽车的设计，就是利用高强度钢材、铝合金、镁合金等，达到减轻汽车自重、节约金属材料和省油的目的。

作为一名技术工人或管理人员，了解金属材料的性能、应用及其加工工艺过程是非常重要的。掌握这方面的知识不仅可以使机械工程设计更合理、更具有先进性，而且还会培养质量意识、经济意识和环保意识，使机械生产过程优质、高效、清洁和安全，并合理地降低生产成本。

回顾金属材料的发展历史，中国曾是世界上使用金属材料最早的国家之一。中国使用铜的历史约有 5000 多年，大量出土的青铜器，说明在商代（公元前 1600～公元前 1046 年）就有了高度发达的青铜加工技术。例如，河南安阳出土的司母戊大方鼎（现称后母戊鼎），体积庞大，花纹精巧，造型精美，重达 875kg，属殷商祭器。要制造这么庞大的精美青铜器，需要经过雕塑、制造模样与铸型、冶炼、浇注等工序，可以说司母戊大方鼎是雕塑艺术与金属冶炼技术的完美结合。在当时的条件下要浇注这样庞大的金属器物，如果没有大规模的劳动分工与组织、精湛的雕塑艺术及铸造技术，是不可能完美地制造成功的。

早在公元前 6 世纪即春秋末期，中国就已出现了人工冶炼的铁器，比欧洲出现生铁早 1900 多年，如 1953 年在中国河北兴隆县发掘出的用来铸造农具的铁模样，说明当时铁制农具已大量地应用于农业生产中。同时，中国古代还创造了三种炼钢方法：第一种是从矿石中直接炼出的自然钢，用这种钢制作的刀剑在东方各国享有盛誉，后来在东汉时期传入欧洲；第二种是西汉期间经过“百次”冶炼锻打的百炼钢；第三种是南北朝时期的灌钢，即先炼铁、后炼钢的两步炼钢技术，中国的这种炼钢技术比其他国家早 1600 多年，直到明朝之前的 2000 多年间，中国在钢铁生产技术方面一直遥遥领先于世界其他国家。

1965 年在中国湖北省出土的越王勾践青铜剑，虽然在地下深埋了 2400 多年，但是这把剑在出土时却没有一点锈斑，完好如初，而且刃口磨制得非常精细，说明中国当时已掌握了金属冶炼、锻造、热处理及防腐蚀技术。

在唐朝（约公元7世纪）时期，中国已会应用锡钎焊和银钎焊技术，而此项技术在欧洲直到公元17世纪才出现。

明朝宋应星所著《天工开物》一书中详细记载了古代冶铁、炼钢、铸钟、锻铁、淬火等多种金属材料的加工方法。书中介绍的锉刀、针等工具的制造过程与现代几乎一致，可以说《天工开物》一书是世界上有关金属材料加工工艺最早的科学著作之一。

历史充分说明，中国古代劳动人民在金属材料及加工工艺方面取得了辉煌的成就，为人类文明做出了巨大的贡献。新中国成立后，中国在金属材料及其加工工艺理论研究方面有了突飞猛进的发展。2013年钢铁产量突破7.8亿t，成为国际钢铁市场上举足轻重的“第一力量”，有力地推动了中国机械制造、矿山冶金、交通运输、石油化工、电子仪表、航天航空等现代化工业的发展。同时，原子弹、氢弹、导弹、人造地球卫星、载人火箭、超导材料、纳米材料等重大项目的研究与试验成功，都标志着中国在金属材料及其加工工艺方面达到了新的水平，相信在不远的将来中国在机械制造方面定能进入世界先进行列。

可以这样说，金属材料及加工工艺水平的高低，在某种程度上代表着一个国家机械制造的水平。只有金属材料的生产水平不断提高，并保持先进水平，才会有力地促进现代工业、农业、航天事业等飞速发展，才会在知识经济和世界经济一体化进程中保持发展优势。但是，目前中国金属材料的整体加工工艺水平还比较落后，与发达国家相比还有明显的差距，非常需要我们深入地研究有关金属材料及其加工工艺理论，不断地学习和掌握新技术、新工艺、新设备和新材料，为国家的现代化建设做贡献。

《金属材料及热处理》教材比较系统地介绍了常用金属材料的种类、性能和应用方面的基础知识。金属材料及热处理课程是融合多种专业基础知识为一体的专业技术基础课，是从事机械制造行业应用型、管理型、操作型与复合型人才的必修课程，它对于培养学生的综合工程素质、技术应用能力、经济意识、环保意识和创新能力也是非常有益的。

《金属材料及热处理》教材具有内容广、实践性和综合性突出的特点。在教学方式上教师应注重积极对学生进行启发和引导，培养其学习归纳能力。另外，学生在学习时，要多联系自己在金属材料方面的感性知识和生活经验，要多讨论、多交流、多分析、多研究，特别是在实习中要多观察、勤实践，做到理论联系实际，这样才能全面地学好教材中的基础知识。

学习本课程的基本要求如下：

1）了解金属材料的晶体结构、化学成分、组织及性能之间的密切关系。

2）了解金属材料的分类、牌号、性能、用途之间的相互关系，熟悉常用金属材料的选用原则，做到灵活应用。

3）了解常用金属材料热处理工艺的原理、特点及其应用。

第一单元

金属材料与机械产品制造过程简介

【学习目标】

本单元主要介绍金属材料的分类、钢铁生产过程和机械产品制造过程等内容，重点是金属材料的基本概念与分类、钢铁生产过程、炼铁与炼钢的实质及其产品。在学习过程中，第一，要注意观察生活中钢与铁的区别和应用场合；第二，要了解有关机械产品制造的基本过程，为学习后续课程奠定基础。另外，如果有机会可以到有关企业进行参观，如钢铁公司、机械制造厂等，感性地了解金属材料和机械产品制造的生产过程。

金属材料由于具有比其他材料优越的性能，如物理性能、化学性能、力学性能及工艺性能等，能够适应生产和科学技术发展的需要，广泛应用于机械制造、工程建设、交通、石油化工、农业、国防等领域。因此，了解金属材料的分类、性能以及加工过程等，具有重要意义。

模块一　金属材料的分类

知识点一　金属材料的基本概念

金属材料是由金属元素或以金属元素为主要材料构成的并具有金属特性的工程材料。它包括纯金属和合金两类。

纯金属在工业生产中虽然具有一定的用途，但是由于其强度、硬度一般都较低，而且冶炼技术复杂，价格较高，因此在使用上受到了很大的限制。目前在工农业生产、建筑、国防建设中广泛使用的是合金状态的金属材料。

想一想　纯金的纯度是99.99%，用24K表示；12K金的含金量是49.99%，那么，18K金的含金量是多少呢？12K金和18K金是合金吗？它们主要含有什么元素？

合金是指两种或两种以上的金属元素或金属与非金属元素组成的金属材料，如普通黄铜是由铜和锌两种金属元素组成的合金，碳素钢是由铁和碳组成的合金。与组成合金材料的纯金属相比，合金除具有较好的力学性能外，还可以通过调整组成元素之间的比例，获得一系列性能各不相同的合金，从而满足工农业生产、建筑及国防建设上不同的性能要求。

知识点二　金属材料的分类

金属材料通常分为钢铁材料和非铁金属两大类，如图1-1所示。

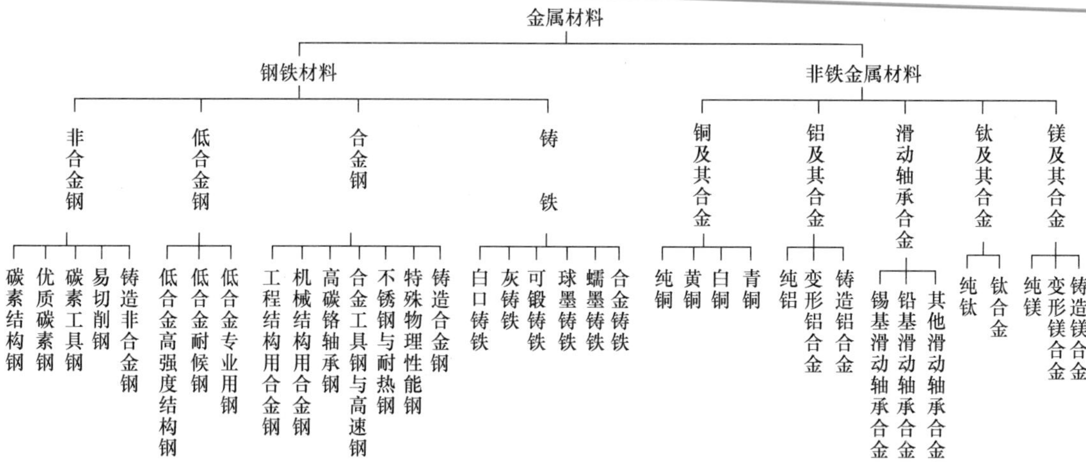

图 1-1　金属材料的分类

(1) 钢铁材料　以铁或以铁为主形成的金属材料，称为钢铁材料，如钢和生铁。

(2) 非铁金属　除钢铁材料以外的其他金属，都称为非铁金属，如铜、铝、镁、钛、锌、锡、铅等。

除此之外，在国民经济建设中，还出现了许多新型的高性能金属材料，如高温合金、粉末冶金材料、非晶态金属材料、纳米金属材料、单晶合金以及新型的金属功能材料（永磁合金、形状记忆合金、超细金属隐身材料）等。

模块二　钢铁材料生产过程

知识点一　钢铁材料生产过程简介

钢铁是铁和碳的合金。钢铁材料按碳的质量分数 $w(\mathrm{C})$（含碳量）进行分类，包括工业纯铁［$w(\mathrm{C})<0.0218\%$］，钢［$w(\mathrm{C})=0.0218\%\sim2.11\%$］和生铁［$w(\mathrm{C})>2.11\%$］。

生铁由铁矿石经高炉冶炼获得，它是炼钢和铸造的主要原材料。

钢材生产是以生铁为主要原料，将生铁装入高温的炼钢炉里，通过氧化作用降低生铁中碳和杂质的质量分数炼成钢液，然后将钢液铸成钢锭，再经过热轧或冷轧后，制成各种类型的钢材。图 1-2 为钢铁材料生产过程示意图。

知识点二　炼　铁

铁的化学性质活泼，自然界中的铁，绝大多数是以含铁的化合物形式存在的。炼铁用的原料多数是铁的氧化物。含铁比较多并且具有冶炼价值的矿物，如赤铁矿、磁铁矿、菱铁

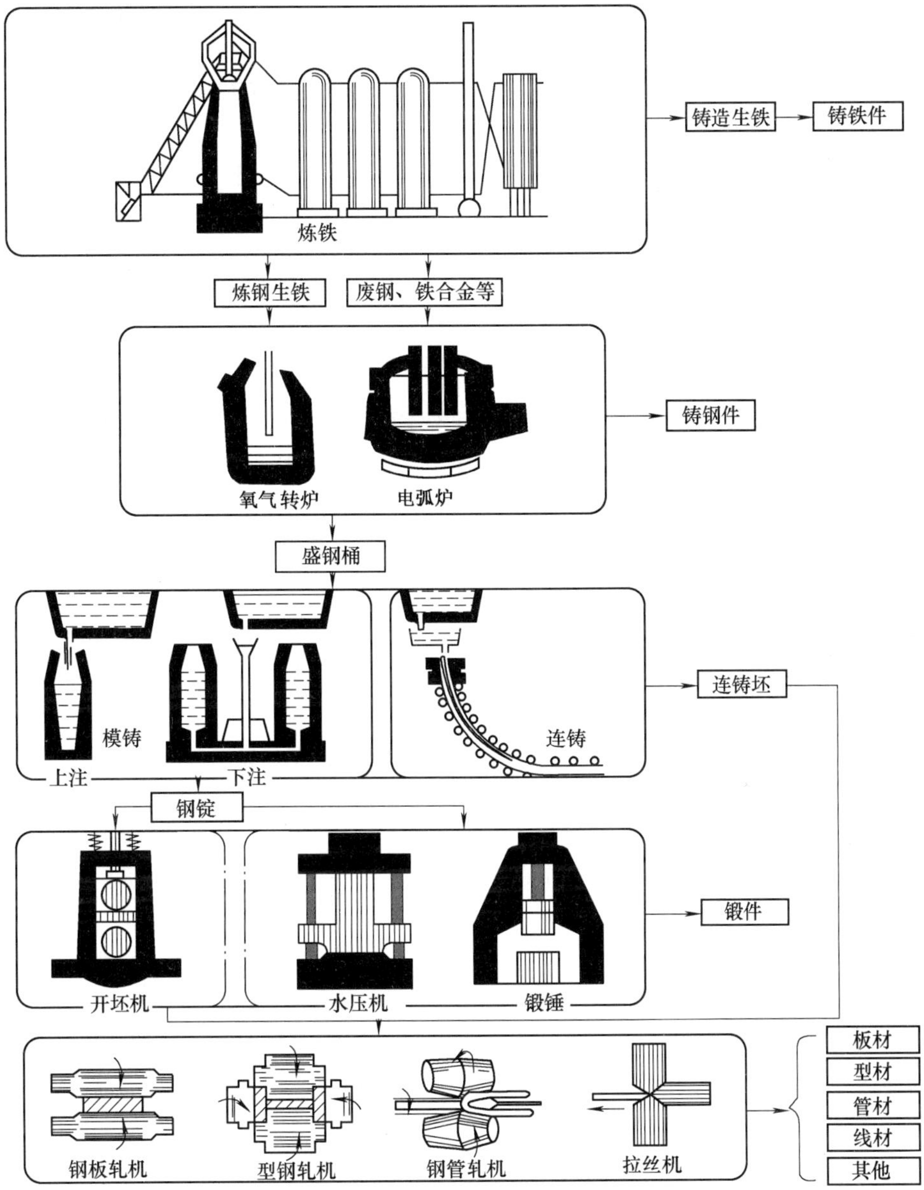

图 1-2　钢铁材料生产过程示意图

矿、褐铁矿等，称为铁矿石。铁矿石中除了含有铁的氧化物以外，还含有硅、锰、硫、磷等元素的氧化物杂质，这些杂质称为脉石。炼铁的实质就是从铁矿石中提取铁及其有用元素形成生铁的过程。现代钢铁工业炼铁的主要方法是高炉炼铁。高炉炼铁的炉料主要是铁矿石（Fe_3O_4）、燃料（焦炭）和熔剂（石灰石）。

焦炭作为炼铁的燃料，一方面为炼铁提供热量，另一方面焦炭在不完全燃烧时所产生的 CO，又作为使氧化铁和其他金属元素还原的还原剂。熔剂的作用是使铁矿石中的脉石和焦炭燃烧后的灰粉转变成密度小、熔点低和流动性好的炉渣，并使之与铁液分离。常用的熔剂是石灰石（$CaCO_3$）。

在炼铁时，将炼铁原料分批装入高炉中，在高温和压力的作用下，经过一系列的化学反应，将铁矿石还原成铁。经高炉冶炼出的铁不是纯铁，其中熔有碳及硅、锰、硫、磷等杂质元素，这种铁称为生铁。生铁是高炉冶炼的主要产品。根据用户的不同需要，生铁可分为两大类：铸造生铁和炼钢生铁。

高炉炼铁产生的副产品是煤气和炉渣。炼铁高炉排出的炉气中含有大量的 CO、CH_4 和 H_2 等可燃性气体，具有很高的经济价值，可以回收利用。高炉炉渣的主要成分是 CaO 和 SiO_2，它们可以回收利用，生成水泥、渣棉和渣砖等建筑材料。

知识点三 炼 钢

炼钢是以生铁（铁液或生铁锭）或废钢为主要原料，再加入熔剂（石灰石、氟石）、氧化剂（O_2、铁矿石）和脱氧剂（铝、硅铁、锰铁）等进行冶炼的。炼钢的主要任务是把生铁熔化成液体，或直接将铁液注入高温的炼钢炉中，利用氧化作用将碳及其他杂质元素减少到规定的化学成分范围之内，就得到了需要的钢种。所以，用生铁炼钢，实质上是一个氧化过程。

1. 炼钢方法

现代炼钢方法主要有氧气转炉炼钢法和电弧炉炼钢法。两种炼钢方法的热源及特点比较列于表1-1。

表1-1 氧气转炉炼钢法和电弧炉炼钢法的比较

炼钢方法	热 源	主要原料	主要生产特点	产 品
氧气转炉炼钢法	氧化反应的化学热	生铁、废钢	冶炼速度快，生产率高，成本低。钢的品种较多，质量较好，适合于大量生产	非合金钢和低合金钢
电弧炉炼钢法	电能	废钢	炉料通用性大，炉内气氛可以控制，脱氧良好，能冶炼难熔合金钢。钢的质量优良，品种多样	合金钢

2. 钢液脱氧

钢液中过剩的氧气与铁生成氧化物，对钢的力学性能会产生不良的影响，因此必须在浇注前对钢液进行脱氧。按钢液的脱氧程度不同，钢可分为特殊镇静钢（TZ）、镇静钢（Z）、半镇静钢（b）和沸腾钢（F）四种。

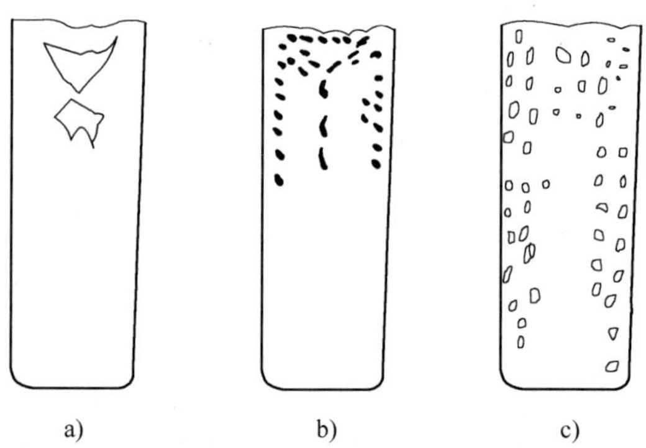

图1-3 镇静钢锭、半镇静钢锭和沸腾钢锭
a）镇静钢锭 b）半镇静钢锭 c）沸腾钢锭

镇静钢是脱氧完全的钢。钢液冶炼后期用锰铁、硅铁和铝块进行充分脱氧，钢液在钢锭模内平静地凝固。这类钢锭化学成分均匀，内部组织致密，质量较高。但由于钢锭头部形成相当深的缩孔，轧制时被切除，钢材浪费较大，如图1-3a所示。

沸腾钢是指脱氧不完全的钢。钢液在

冶炼后期仅用锰铁进行不充分的脱氧。钢液浇入钢锭模后，钢液中的 FeO 和碳相互作用，脱氧过程仍在进行（$FeO + C \rightarrow Fe + CO\uparrow$），生成的 CO 气体使钢液产生沸腾现象。凝固时大部分气体逸出，少量气体被封闭在钢锭内部，形成许多小气泡，如图 1-3c 所示。这类钢锭不产生缩孔，切头浪费小，但是钢的化学成分不均匀，组织不够致密，质量较差。

半镇静钢的脱氧程度和性能状况介于镇静钢和沸腾钢之间，其钢锭如图 1-3b 所示。

特殊镇静钢脱氧质量优于镇静钢，其内部材质均匀，非金属夹杂物含量少，可以满足特殊需要。

3. 钢液浇注

钢液经脱氧后，除少数用来浇注成铸钢件外，其余都浇注成钢锭或连铸坯。钢锭用于轧钢或锻造大型锻件，连铸坯是采用连铸法生产的。连铸法由于具有生产率高、钢坯质量好、节约能源、生产成本低等优点，目前得到广泛采用。

4. 炼钢的最终产品

钢锭经过轧制最终形成板材、管材、型材、线材及其他类型的材料。

（1）板材　板材一般分为厚板和薄板。4～60mm 为厚板，常用于造船、锅炉和压力容器；板材厚度在 4 mm 以下的为薄板，其分为冷轧钢板和热轧钢板。薄板轧制后可直接交货或经过酸洗镀锌或镀锡后交货使用。

（2）管材　管材分为无缝钢管和有缝钢管两种。无缝钢管用于石油、锅炉等行业；有缝钢管采用带钢焊接制成，用于制作煤气及自来水管道等。焊接的钢管生产率较高、成本低，但质量和性能与无缝钢管相比稍差些。

（3）型材　常用的型材有方钢、圆钢、扁钢、角钢、工字钢、槽钢和钢轨等。

（4）线材　线材是用圆钢或方钢经过冷拔制成的。其中高碳钢丝用于制作弹簧丝或钢丝绳，低碳钢丝用于捆绑或编织等。

（5）其他材料　其他材料主要是指要求具有特种形状与尺寸的异形钢材，如车轮轮毂、齿轮轮坯等。

模块三　机械产品制造过程简介

机械产品的制造过程一般分为机械产品设计、机械产品制造与机械产品使用三个阶段，如图 1-4 所示。

1. 机械产品设计阶段

在产品设计阶段，企业首先要从市场需求、产品性能、生产数量等方面出发，制订出产品的开发规划。设计时先进行总体设计，然后再进行部件设计，画出装配图和零件图。然后根据机械零件的使用条件、场合、性能及环境保护要求等，选择合理的材料以及合理的加工方法。不同的机械产品有不同的性能要求，如汽车产品必须满足动力性能、控制性能、操纵性能、安全性能、涂装性能以及使用起来舒适、燃料消耗率低、噪声小等要求。在满足了产品性能和成本要求的前提下，工艺部门编制工艺规程或工艺图，并交付生产。

设计人员在设计零件时，应根据机械产品的使用场合、工作条件等选择制作零件的材料和加工方法。例如，在高温氧化性气体环境中工作的受力零件，应选择耐热性好的耐热钢；如果零件的形状复杂，则应选择铸造生产。同时，在设计过程中还要特别重视零件的使用性

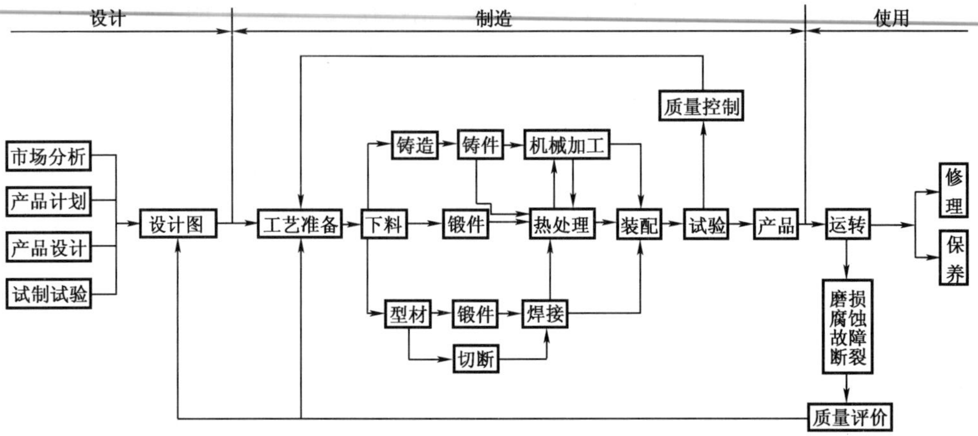

图 1-4　机械产品制造过程的三个阶段

能、使用条件、材质以及加工方法的统一。

2. 机械产品制造阶段

生产部门根据工艺规程与机械零件图进行制造，然后进行装配。通常不能根据设计图直接进行加工，而应根据设计图绘制出制造图，再按制造图进行加工。这是由于设计图绘制出的是零件加工完成的最终状态图，而制造图则是表示在制造过程中某一工序完成时工件的状态，两者是有差异的。因此，在加工时需要根据制造图准备合适的坯料，并进行预定的加工。准备好材料后，可以根据零件结构特点，采用铸造、锻造、机械加工、热处理等不同的加工方法，然后分别在各类车间进行加工，零件加工完成后再装配成部件或整机。机械产品装配完后，要按设计要求进行各种试验，如空载与负荷试验、力学性能与使用寿命试验以及其他单项试验等。整机验收合格后，则可进行涂装、包装和装箱，最后投入市场。

3. 机械产品使用阶段

出厂的机械产品一经投入使用，其磨损、腐蚀、故障及断裂等现象就会接踵而来，并暴露出设计和制造过程中存在的质量问题。一种好的机械产品除了应注重设计功能、外观特征和制造工艺外，还应经常注意收集与积累使用过程中零件失效的资料，并反馈给制造、设计部门，以进一步提高机械产品的质量。这样做不仅能使机械产品获得良好的可靠性，而且还能赢得良好的信誉和市场。

模块四　机械产品加工工艺简介

绝大多数的机械产品或零件是由原材料经过某些工艺方法的加工获得的。目前常用的机械产品加工工艺方法主要有铸造、压力加工、焊接、粉末冶金、切削加工、特种加工等。

铸造是指熔炼金属，制造铸型，并将熔融金属浇入铸型，凝固后获得一定形状和性能金属零件毛坯的成形方法。用铸造方法得到的金属毛坯称为铸件。铸件一般作为毛坯用，多数铸件需经切削加工后才能成为零件。铸造生产有砂型铸造和特种铸造。

压力加工是利用压力使金属产生塑性变形，使其改变形状、尺寸和改善性能，获得型材、棒材、板材、线材和锻压件的加工方法。它包括锻造、冲压、挤压、轧制、拉拔等加工方法。

焊接是指通过加热、加压或同时加热加压，并且用或不用填充材料使工件达到结合的一种工艺方法。焊接方法的种类很多，通常分为三大类：熔焊、压焊和钎焊。

（1）熔焊　它是将待焊处的母材金属熔化以形成焊缝的焊接方法，如气焊、电弧焊（焊条电弧焊、埋弧焊、气体保护焊）、电渣焊、等离子弧焊、电子束焊和激光焊等。

（2）压焊　焊接过程中，必须对焊件施加压力（加热或不加热）以完成焊接的焊接方法称为压焊，如高频焊、爆炸焊、冷压焊、摩擦焊、电阻焊（点焊、缝焊、对焊）、超声波焊、扩散焊、锻焊等。

（3）钎焊　采用比母材熔点低的金属材料作为钎料，将焊件和钎料加热到高于钎料熔点，低于母材熔化温度，利用液态钎料润湿母材，填充接头间隙并与母材相互扩散实现连接焊件的工艺方法称为钎焊。钎焊分为硬钎焊和软钎焊。

想一想　人民币的硬币是用什么材料制作的？又是采用何种工艺加工的呢？

粉末冶金是用金属粉末（或金属粉末与非金属粉末的混合物）做原料，经过压制成形、烧结等工序，制成各种金属制品或金属材料的一种冶金方法。粉末冶金法与陶瓷生产有相似的地方，故也称为金属陶瓷法。粉末冶金的产品有含油轴承、制动片和硬质合金等。

切削加工是指从工件表面切除一层多余的金属，从而形成已加工表面的过程，如钻削加工、车削加工、铣削加工、刨削加工和磨削加工等。

特种加工是将电能、磁能、化学能、光能、声能、热能等或其组合施加在工件的被加工部位上，从而使材料去除、变形、改变性能或被镀盖的非传统的加工方法，如电解加工、超声波加工、电火花加工、激光加工、电子束加工、等离子弧加工等。特种加工方法是现代科学技术与切削加工相互结合的新型加工方法。

小知识　德国的史瓦巴哈镇有一家金箔公司，可以将100g的黄金打制出700万片金箔，这些金箔铺开可铺满6个足球场。

【综 合 训 练】

一、名词解释

1. 金属材料　2. 合金　3. 钢铁材料　4. 非铁金属　5. 钢铁

二、填空题

1. 金属材料通常分为________和________两类。

2. 经高炉冶炼出的铁不是纯铁，其中熔有________及________、________、硫、磷等杂质元素，这种铁称为生铁。

3. 生铁是由铁矿石原料经____________而获得的。高炉生铁一般分为____________生铁和________生铁两种。

4. 现代炼钢方法主要有____________和____________。

5. 按钢液的脱氧程度不同，钢可分为________钢、________钢、________钢和________钢。

6. 机械产品的制造过程一般分为________、________和________三个阶段。

7. 钢锭经过轧制最终会形成________、________、________、________及其他类型的材料。

三、判断题

1. 钢和生铁都是以铁碳为主的合金。（　　）
2. 高炉炼铁的过程是使氧化铁还原，获得纯生铁的过程。（　　）
3. 用锰铁、硅铁和铝粉进行充分脱氧后，可获得镇静钢。（　　）
4. 电弧炉炼钢法主要用于冶炼高质量的合金钢。（　　）

四、简答题

1. 炼铁的主要原料有哪些？
2. 镇静钢和沸腾钢之间有何差异？

五、观察与调研

生活中你见过哪些金属材料？有何应用？

第二单元 金属材料的性能

【学习目标】

本单元主要介绍金属材料的各种性能指标、使用范围等内容。学习时，第一，要准确理解有关定义；第二，要学会利用掌握的知识对日常生活中的现象进行分析和思考，试一试能否用学到的理论知识对遇到的实际问题或现象进行科学的解释；第三，因为本课程涉及的知识面广，因此为了巩固所学的知识，要学会对所学的知识进行分类、归纳和整理，提高学习效率，整理的方法很多，如列表法、层次罗列法等；第四，要牢固掌握重点内容，本单元的重点是金属材料的力学性能部分；第五，注意学习方法，在学习时要尽量将自己的感性认识与教学内容联系起来，帮助理解和认识。

通常把金属材料的性能分为使用性能和工艺性能。使用性能是指金属材料为保证机械零件或工具正常工作应具备的性能，即在使用过程中所表现出的特性，包括力学性能、物理性能和化学性能等。工艺性能是指金属材料在制造机械零件或工具的过程中，适应各种冷、热加工的性能，也就是金属材料采用某种加工方法制成成品的难易程度，它包括铸造性、压力加工性能、焊接性、热处理性能及可加工性等。例如，某种金属材料采用焊接方法容易得到合格的焊件，就说明该金属材料的焊接工艺性能好。

在机械制造过程中，为了设计制造具有较强竞争力的产品，必须了解和掌握材料的各种性能，以便使产品在设计、选材和制造等方面最优化。

模块一 金属材料的力学性能

知识点一 金属材料力学性能的基本概念

金属材料的力学性能是指金属在力的作用下所显示出的与弹性和非弹性反应相关或涉及应力－应变关系的性能，如弹性、强度、硬度、塑性、韧性等。弹性是指物体在外力作用下改变其形状和尺寸，当外力卸除后物体又恢复到其原始形状和尺寸的特性。物体受外力作用后导致物体内部之间相互作用的力称为内力；单位面积上的内力则称为应力 R(MPa)。应变 ε(%)是指由外力所引起的物体原始尺寸或形状的相对变化。

金属材料的力学性能是评定金属材料质量的主要判据，也是设计金属构件时选材和进行强度计算的主要依据。金属材料力学性能指标有强度、刚度、塑性、硬度、韧性和疲劳强度等。

知识点二　强度与塑性

强度是金属材料抵抗永久变形和断裂的能力。塑性是金属材料在断裂前发生不可逆永久变形的能力。永久变形是物体在力的作用下产生的形状和尺寸的改变。外力去除后，永久变形不能恢复到原来的形状和尺寸。这种不能恢复到原始形状和尺寸的变形称为永久变形或塑性变形。金属材料的强度和塑性指标可以通过拉伸试验测得。

目前金属材料室温拉伸试验方法采用 GB/T 228. 1—2010 新标准，原有的金属材料力学性能数据是采用 GB/T 228—1987 旧标准进行测定和标注的。本书除了在新标准中没有规定的符号仍然沿用旧标准外，其他符号采用了新标准。关于金属材料强度与塑性的新、旧标准名词和符号对照见表 2-1。

表 2-1　金属材料强度与塑性的新、旧标准名词和符号对照

GB/T 228. 1—2010 新标准		GB/T 228—1987 旧标准	
名词	符号	名词	符号
断面收缩率	Z	断面收缩率	ψ
断后伸长率	A 和 $A_{11.3}$	断后伸长率	δ_5 和 δ_{10}
屈服强度	R_e①	屈服点	σ_s
上屈服强度	R_{eH}	上屈服点	σ_{sU}
下屈服强度	R_{eL}	下屈服点	σ_{sL}
规定残余延伸强度	R_r，如 $R_{r0.2}$	规定残余伸长应力	σ_r，如 $\sigma_{r0.2}$
抗拉强度	R_m	抗拉强度	σ_b

① 在新标准 GB/T 228. 1—2010 中，没有对屈服强度规定符号。本书中采用 R_e 作为屈服强度的符号。

一、拉伸试验

拉伸试验是指用静拉伸力对试样进行轴向拉伸，测量拉伸力和相应的伸长，并测量其力学性能的试验。拉伸时一般将拉伸试样拉至断裂。

1. 拉伸试样

试验过程中通常采用圆柱形拉伸比例试样，试样尺寸按 GB/T 228. 1—2010 国家标准中金属拉伸试验试样中的有关规定制作。圆柱形拉伸比例试样分为短拉伸试样和长拉伸试样两种。长拉伸试样 $L_o=10d$；短拉伸试样 $L_o=5d$。一般工程上为了节约成本，通常采用短试样。圆柱形拉伸试样如图 2-1 所示，其中图 2-1a 所示为拉断前的状态，图 2-1b 所示为拉断后的状态。d 为标准拉伸试样的原始直径，d_u 为标准拉伸试样断口处的直径。L_o 为标准拉伸试样的原始标距，L_u 为标准拉伸试样拉断对接后测出的标距长度。

2. 试验方法

拉伸试验在拉伸试验机上进行。图 2-2 所示为拉伸试验机示意图。将试样装在试验机的上、下夹头上，开动机器，在压力油的作用下，试样受到拉伸。同时，记录装置启动，并记录下拉伸过程中的拉伸力 - 伸长曲线。

二、拉伸力 - 伸长曲线

在进行拉伸试验时，拉伸力 F 和试样伸长量 ΔL 之间的关系曲线，称为拉伸力 - 伸长曲线。通常把拉伸力 F 作为纵坐标，伸长量 ΔL 作为横坐标，图 2-3 所示为退火低碳钢的拉伸力 - 伸长曲线。

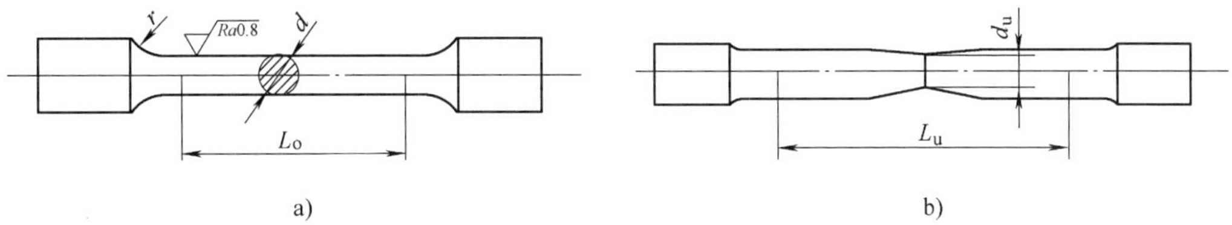

图 2-1　圆柱形拉伸比例试样

a）拉断前　b）拉断后

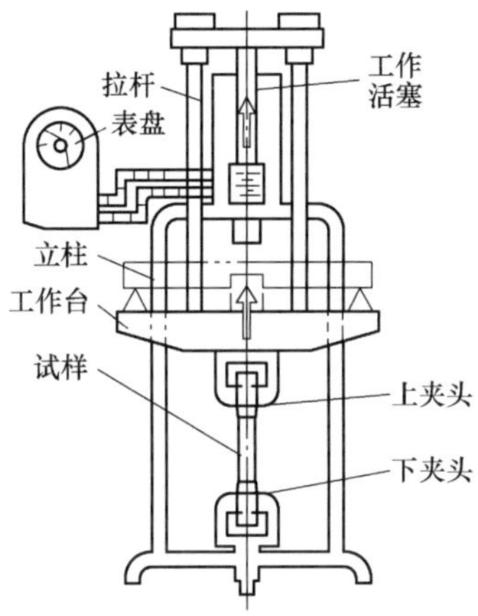

图 2-2　拉伸试验机示意图

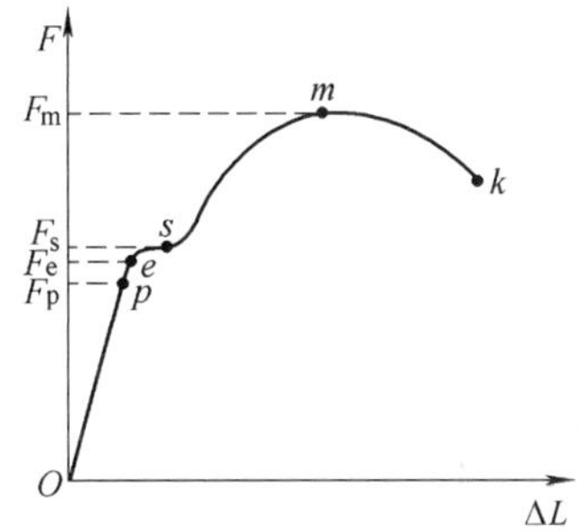

图 2-3　退火低碳钢的拉伸力 - 伸长曲线

观察拉伸试验和拉伸力 - 伸长曲线，会发现在拉伸试验的开始阶段，试样的伸长量 ΔL 与拉伸力 F 之间成正比例关系，在拉伸力 - 伸长曲线图中为一条斜直线 Op。在该阶段，当拉伸力增加时，试样伸长量 ΔL 也呈正比增加；当去除拉伸力后，试样伸长变形消失，恢复原来形状，其变形表现为弹性变形。图中 F_p 是试样保持弹性变形的最大拉伸力。

当拉伸力不断增加，超过 F_p 时，试样将产生塑性变形，去除拉伸力后，变形不能完全恢复，塑性伸长将被保留下来。当拉伸力继续增加到 F_s 时，拉伸力 - 伸长曲线在 s 点后出现一个平台，即在拉伸力不再增加的情况下，试样也会明显伸长，这种现象称为屈服现象。拉伸力 F_s 称为屈服拉伸力。

当拉伸力超过屈服拉伸力后，试样抵抗变形的能力将会增加，此现象为变形强化，即抗力增加现象，在拉伸力 - 伸长曲线上表现为一段上升曲线，即随着塑性的增大，试样变形抗力也逐渐增大。

当拉伸力达到 F_m 时，试样的局部截面开始收缩，产生缩颈现象。由于缩颈使试样局部截面迅速缩小，最终导致试样被拉断。缩颈现象在拉伸力 - 伸长曲线上表现为一段下降的曲线。F_m 是试样拉断前能承受的最大拉伸力，称为极限拉伸力。

从完整的拉伸试验和拉伸力 - 伸长曲线可以看出，试样从开始拉伸到断裂要经过弹性变形、屈服阶段、变形强化阶段、缩颈与断裂四个阶段。

三、强度指标

金属材料抵抗拉伸力的强度指标有屈服强度、规定残余延伸强度和抗拉强度等。

1. 屈服强度和规定残余延伸强度

屈服强度是指拉伸试样在拉伸试验过程中力不增加（保持恒定）仍然能继续伸长（变形）时的应力。屈服强度包括上屈服强度（R_{eH}）和下屈服强度（R_{eL}）。上屈服强度是试样发生屈服而力首次下降前的最高应力；下屈服强度为屈服期间，不计初始瞬时效应时的最低应力。屈服强度是工程技术上重要的力学性能指标之一，也是大多数机械零件选材和设计的依据。屈服强度 R_e 可用下式计算

$$R_e = F_s/S_o$$

式中　R_e——屈服强度，单位为 MPa；

F_s——拉伸试样屈服时的拉伸力，单位为 N；

S_o——拉伸试样原始横截面积，单位为 mm^2。

工业上使用的部分金属材料，如高碳钢、铸铁等，在进行拉伸试验时，没有明显的屈服现象，也不会产生缩颈现象，这就需要规定一个相当于屈服强度的指标，即规定残余延伸强度。

规定残余延伸强度是指拉伸试样卸除应力后残余延伸率等于规定的原始标距 L_o 与引伸计标距 L_e 百分比时对应的应力，用符号 R_r 表示。例如，$R_{r0.2}$ 表示规定残余延伸率为 0.2% 时的应力。

2. 抗拉强度

抗拉强度是指拉伸试样拉断前承受的最大标称拉应力，用符号 R_m 表示，单位为 MPa。R_m 可用下式计算

$$R_m = F_m/S_o$$

式中　R_m——抗拉强度，单位为 MPa；

F_m——拉伸试样承受的最大载荷，单位为 N；

S_o——拉伸试样原始横截面积，单位为 mm^2。

R_m 是表征金属材料由均匀塑性变形向局部集中塑性变形过渡的临界值，也是表征金属材料在静拉伸条件下的最大承载能力。对于塑性金属材料来说，拉伸试样在承受最大拉应力 R_m 之前，变形是均匀一致的。但超过 R_m 后，金属材料开始出现缩颈现象，即产生集中变形。

四、塑性指标

金属材料的塑性可以用拉伸试样断裂时的最大相对变形量来表示，如拉伸后的断后伸长率和断面收缩率。它们是表征材料塑性好坏的主要力学性能指标。

1. 断后伸长率

拉伸试样在进行拉伸试验时，在力的作用下产生塑性变形，原始拉伸试样中的标距会不断伸长，如图 2-1 所示。试样拉断后的标距残余伸长与原始标距的百分比称为断后伸长率，用符号 A 表示，可用下式计算

$$A = \frac{L_u - L_o}{L_o} \times 100\%$$

式中　A——断后伸长率；

L_u——拉断拉伸试样对接后测出的标距长度，单位为 mm；

L_o——拉伸试样原始标距，单位为 mm。

由于圆柱形拉伸比例试样分为长拉伸试样和短拉伸试样，使用长拉伸试样测定的断后伸长率用符号 $A_{11.3}$ 表示；使用短拉伸试样测定的断后伸长率用符号 A 表示。同一种材料的断后伸长率 $A_{11.3}$ 和 A 数值是不相等的，因而不能直接用 A 和 $A_{11.3}$ 进行比较。一般短拉伸试样 A 值大于长拉伸试样 $A_{11.3}$。对于非拉伸比例试样，符号 A 应附以下标说明所使用的原始标距，以毫米（mm）表示，如 A_{80mm} 表示原始标距（L_o）为 80mm 的断后伸长率。

2. 断面收缩率

断面收缩率是指拉伸试样拉断后缩颈处横截面积的最大缩减量与原始横截面积的百分比。断面收缩率用符号 Z 表示。Z 值可用下式计算

$$Z = \frac{S_o - S_u}{S_o} \times 100\%$$

式中　Z——断面收缩率；

S_o——拉伸试样原始横截面积，单位为 mm^2；

S_u——拉伸试样断口处的横截面积，单位为 mm^2。

金属材料塑性的好坏对零件的加工和使用具有重要的实际意义。塑性好的金属材料不仅能顺利地进行锻压、轧制等成形工艺，而且在使用时如果超载，由于塑性变形，可以避免突然断裂。所以，大多数机械零件除要求具有较高的强度外，还须有一定的塑性。

小知识　通常情况下金属的断后伸长率不超过 90%，而超塑性材料的最大断后伸长率可高达 1000% ~ 2000%，个别的可达到 6000%。金属材料只有在特定条件下才显示出超塑性，如在一定的变形温度范围内进行低速加工时可能出现超塑性。产生超塑性的合金，其晶粒一般为微细晶粒，这种超塑性称为微晶超塑性。

知识点三　硬　　度

硬度是衡量金属材料软硬程度的一种性能指标，也是指金属材料抵抗局部变形，特别是塑性变形、压痕或划痕的能力。

硬度试验和拉伸试验都是在静载荷下测定材料力学性能的方法。硬度试验由于基本上不损伤试样，试验简便迅速，不需要制作专门试样，而且可直接在工件上进行测试，因此在生产中被广泛地应用。拉伸试验虽能准确地测出材料的强度和塑性，但它属于破坏性试验，因而在生产中不如硬度试验应用广泛。同时，硬度是一项综合力学性能指标，从金属表面的局部压痕也可以反映出材料的强度和塑性。因此，在零件图上常常标注出各种硬度指标作为技术要求。硬度值的高低对于机械零件的耐磨性也有直接影响，钢的硬度值越大，其耐磨性

越好。

硬度测定方法有压入法、划痕法、回弹高度法等。其中压入法的应用最为普遍，即在规定的静态试验力作用下，将一定的压头压入金属材料表面层，然后根据压痕的面积大小或深度测定其硬度值，这种评定方法称为压痕硬度。压入法中根据载荷、压头和表示方法的不同，常用的硬度测试方法分为布氏硬度（HBW）、洛氏硬度（HRA、HRB、HRC 等）和维氏硬度（HV）。

一、布氏硬度

布氏硬度的试验原理是用一定直径的硬质合金球，以相应的试验力压入试样表面，经规定的保持时间后，去除试验力，测量试样表面的压痕直径 d，然后根据压痕直径 d 计算其硬度值的方法，如图 2-4 所示。布氏硬度值是用球面压痕单位表面积上所承受的平均压力表示的。目前，金属布氏硬度试验方法执行 GB/T 231.1—2009 标准，用符号 HBW 表示。本标准规定的布氏硬度试验范围上限为 650HBW。布氏硬度值可用下式进行计算

$$HBW = 0.102 \times \frac{2F}{\pi D(D - \sqrt{D^2 - d^2})}$$

式中 HBW——布氏硬度；

F——试验力，单位为 N；

D——压头的直径，单位为 mm；

d——压痕直径，单位为 mm。

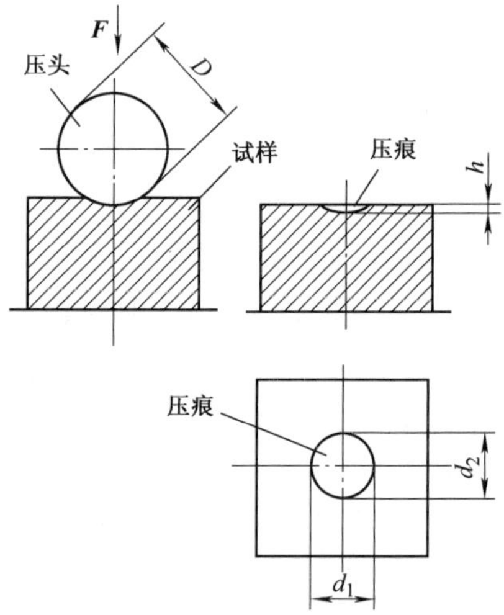

图 2-4 布氏硬度试验原理图

式中只有 d 是变数，因此试验时只要测量出压痕直径 d，便可通过计算或查布氏硬度表得出 HBW 值。布氏硬度计算值一般都不标出单位，只写明硬度的数值。

由于金属材料有硬有软，工件有厚有薄，在进行布氏硬度试验时，压头直径 D（有 10mm、5mm、2.5mm 和 1mm 四种）、试验力 F 和保持时间 t 应根据被测金属材料种类和厚度正确地进行选择。

在进行布氏硬度试验时，试验力的选择应保证压痕直径 d 在（0.24～0.6）D 范围内。试验力 F（N）与压头直径 D（mm）的平方的比值（$0.102\ F/D^2$）应为 30、15、10、5、2.5、1 中的某一个，而且应根据被检测金属材料及其硬度值合理选择。

布氏硬度的标注方法是，测定的硬度值应标注在硬度符号 HBW 的前面。除了保持时间为 10～15s 的试验条件外，在其他条件下测得的硬度值，均应在硬度 HBW 符号的后面用相应的数字注明压头直径、试验力大小和试验力保持时间。标注示例如下：

150HBW10/1000/30 表示用直径为 10mm 的硬质合金球，在 1000kgf（9.807kN）试验力作用下，保持 30s 测得的布氏硬度值为 150。

500HBW5/750 表示用直径为 5mm 的硬质合金球，在 750kgf（7.355kN）试验力作用下保持 10～15s 测得的布氏硬度值为 500。一般试验力保持时间为 10～15s 时不标明。

布氏硬度试验的特点是试验时金属材料表面压痕大，能在较大范围内反映被测金属材料的平均硬度，测得的硬度值比较准确，数据重复性强。但由于其压痕大，对金属材料表面的

损伤较大，不宜测定太小或太薄的试样。

布氏硬度试验主要用来测试原材料的硬度，如铸铁、非铁金属、经退火处理或正火处理、调质处理后的钢材及其半成品。

【拓展知识】

莫氏硬度

莫氏硬度是测量矿物硬度的一种标准，1812 年由德国矿物学家莫斯（Frederich Mohs）首先提出。该标准以常见的 10 种矿物组成，它们是滑石、石膏、方解石、萤石、磷灰石、长石、石英、黄玉、刚玉、金刚石，其硬度依次规定为 1 ~ 10。鉴定时，在未知矿物上选一个平滑面，用上述矿物中的一种在选好的平滑面上用力刻划，如果在平滑面上留下刻痕，则表示该未知物的硬度小于已知矿物的硬度。以莫氏硬度为标准，翡翠和水晶的硬度大约是 7 级。莫氏硬度也用于表示其他固体物质的硬度。

二、洛氏硬度

洛氏硬度试验原理是以锥角为 120°的金刚石圆锥体或直径为 1.5875mm 的淬火钢球（或硬质合金球）压入试样表面，如图 2-5 所示，试验时，先加初试验力，然后加主试验力，压入试样表面之后，去除主试验力，在保留初试验力的情况下，根据试样残余压痕深度增量来衡量试样的硬度大小。

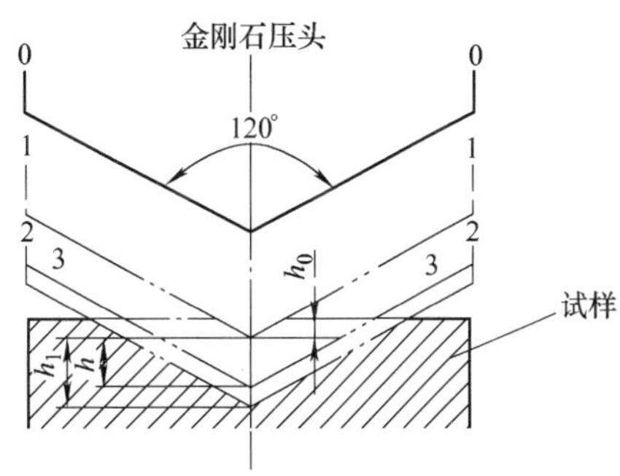

图 2-5 洛氏硬度试验原理示意图

在图 2-5 中，0—0 位置为金刚石压头还没有与试样接触时的原始位置。当加上初试验力 F_0后，压头压入试样中，深度为 h_0，处于 1—1 位置。再加主试验力 F_1，使压头又压入试样的深度为 h_1，如图中 2-2 位置所示。然后去除主试验力，保持初试验力，压头因材料的弹性恢复到图中 3—3 位置。图中 h 值称为压痕残留的深度。洛氏硬度按适用的总试验力及压头类型的不同，常用 A、B、C 三种标尺。根据压痕残留的深度 h、给定标尺的硬度数 N（或称标尺刻度满量程）以及给定标尺的单位 S（mm），可按下列公式计算洛氏硬度值

$$\mathrm{HR} = N - h/0.002$$

式中 HR——洛氏硬度；

N——标尺刻度满量程；

h——压痕残留的深度，单位为 mm。

对于由金刚石圆锥压头进行的试验，其标尺刻度满量程为 100，洛氏硬度值为 $100 - h/0.002$。

对于由淬火钢球压头或硬质合金球压头进行的试验，其标尺刻度满量程为 130，洛氏硬度值为 $130 - h/0.002$。

根据 GB/T 230.1—2009 规定，洛氏硬度数值写在符号的前面，HR 后面写使用的标尺，

如50HRC表示用“C”标尺测定的洛氏硬度值为50。

洛氏硬度试验是生产中广泛应用的一种硬度试验方法。其特点是：硬度试验压痕小，对试样表面损伤小，常用来直接检验成品或半成品零件的硬度，尤其是经过淬火处理的零件，常采用洛氏硬度计进行测试；试验操作简便，可以直接从试验机上显示出硬度值，省去了繁琐的测量、计算和查表等工作。但是，由于洛氏硬度试验压痕小，硬度值的准确性不如布氏硬度，数据重复性差。因此，在测试金属材料的洛氏硬度时，要选取不同位置的三点测出硬度值，再计算三点硬度的平均值作为被测金属材料的硬度值。

三、维氏硬度

维氏硬度测定原理与布氏硬度基本相似，如图2-6所示。将相对面夹角为136°的正四棱锥体金刚石作为压头，试验时在规定的试验力F（49.03～980.7N）作用下，压入试样表面，经规定保持时间后，卸除试验力，则试样表面上压出一个四方锥形的压痕，测量压痕两对角线d的平均长度，可计算出其硬度值。维氏硬度是用正四棱锥形压痕单位表面积上承受的平均压力表示的硬度值，用符号HV表示，计算式为

$$HV = \frac{0.1891F}{d^2}$$

式中 HV——维氏硬度；

F——试验力，单位为N；

d——压痕两条对角线长度的算术平均值，单位为mm。

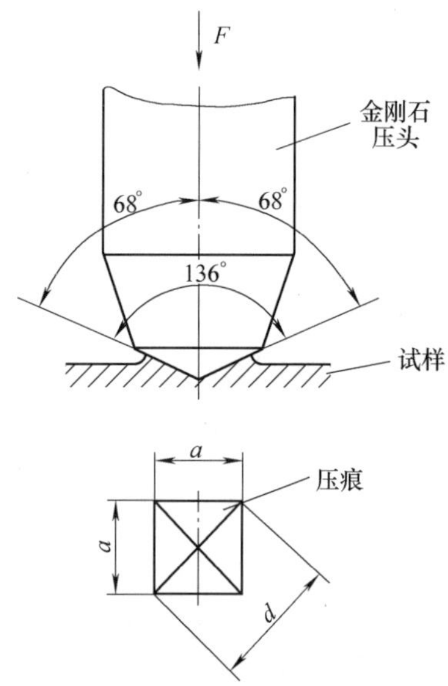

图2-6 维氏硬度试验原理图

试验时用测微仪器测出压痕的对角线长度，算出两对角线长度的平均值后，查GB/T 4340.4—2009附表就可得出维氏硬度值。

维氏硬度的测量范围为5～1000HV。其标注方法与布氏硬度相同。维氏硬度数值写在符号的前面，试验条件写在符号的后面。对于钢和铸铁，试验力保持时间为10～15s时可以不标出。例如：

640HV30表示用30kgf（294.2N）试验力，保持10～15s测定的维氏硬度值为640。

640HV30/20表示用30kgf（294.2N）试验力，保持20s测定的维氏硬度值为640。

维氏硬度适用范围宽，从很软的材料到很硬的材料都可以测量，尤其适用于零件表面层硬度的测量，如化学热处理的渗层硬度测量，其测量结果精确可靠。但测取维氏硬度值时，需要测量对角线长度，然后查表或计算，而且进行维氏硬度测试时，对试样表面的质量要求高，测量效率较低，因此维氏硬度没有洛氏硬度使用方便。

【拓展知识】

肖氏硬度

肖氏硬度是由英国人肖尔（Albert F·Shore）首先提出的。它是表示材料硬度的一种方

法，其原理是应用弹性回跳法将撞销从一定高度落到所测试材料的表面上而发生回跳，用测得的撞销回跳的高度来表示硬度。撞销是一只具有尖端的小锥，尖端上常镶有金刚石。肖氏硬度计是一种轻便的手提式仪器，结构简单，便于操作，测试效率高，便于现场测试，主要用于测定钢铁材料和非铁金属材料的肖氏硬度值。肖氏硬度特别适用于测量冶金、重型机械行业中的中、大型工件，如大型构件、铸件、锻件、曲轴、轧辊、特大型齿轮、机床导轨等，但不适于测量较薄和较小试样。

知识点四　韧　　性

强度、塑性、硬度等力学性能指标是在静载荷作用下测定的。但是有些零件在工作过程中承受动载荷作用，如锻锤的锤杆、冲床的冲头等，这些工件除要求具备足够的强度、塑性、硬度外，还应具有足够的韧性。韧性是金属材料在断裂前吸收变形能量的能力。动载荷尤其是冲击载荷比静载荷的破坏性要大得多，因此需要制订冲击载荷下的性能指标，即冲击吸收能量 K，冲击吸收能量 K 的单位是焦耳。金属材料韧性大小通常用冲击吸收能量来衡量，而测定金属材料的冲击吸收能量，通常采用夏比冲击试验方法。

一、夏比冲击试验

1. 冲击试样

为了使试验结果不受其他因素影响，冲击试样要根据国家标准制作，如图 2-7 所示。带 V 形缺口的试样，称为夏比 V 形缺口试样，相应的冲击吸收能量用符号 KV 表示；带 U 形缺口的试样，称为夏比 U 形缺口试样，相应的冲击吸收能量用符号 KU 表示。

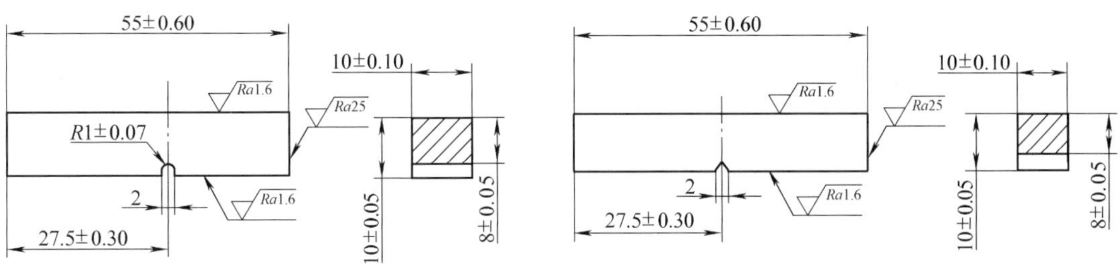

a)　　　　b)

图 2-7　冲击试样

a）夏比 U 形缺口　b）夏比 V 形缺口

在试样上开缺口的目的是：在缺口附近造成应力集中，使塑性变形局限在缺口附近，并保证在缺口处发生破断，以便正确测定材料承受冲击载荷的能力。同一种金属材料的试样缺口越深、越尖锐，冲击吸收能量越小，金属材料表现的脆性越显著。V 形缺口试样比 U 形缺口试样更容易冲断，因而其冲击吸收能量也较小。因此，不同类型的冲击试样，测定出的冲击吸收能量不能直接比较。金属材料夏比摆锤冲击试验方法执行 GB/T 229—2007 标准。

2. 试验原理

夏比冲击试验是在摆锤式冲击试验机上进行的。以夏比 U 形缺口试样为例，试验时，将带有缺口的标准试样安放在试验机的机架上，使试样的缺口位于两支座中间，并背向摆锤的冲击方向，如图2-8所示。将一定质量的摆锤升高到规定高度 h_1，则摆锤具有势能 KU_1（夏比U形缺口试样）。当摆锤落下将试样冲断后，摆锤继续向前升高到 h_2，此时摆锤的剩余势能为 KU_2。摆锤冲断试样所失去的势能为

$$KU = KU_1 - KU_2$$

KU 就是规定形状和尺寸的试样在冲击试验力一次作用下折断时所吸收的能量，称为冲击吸收能量。KU 或 KV（V形缺口试样）可以从试验机的刻度盘上直接读出。它是表征金属材料冲击韧性的主要指标。显然，冲击吸收能量 KU 或 KV 越大，表示材料抵抗冲击试验力而不破坏的能力越强。如果用冲击试样的断口处的横截面积 S 去除 KU 或 KV，即可得到冲击韧度，其用 α_{KV} 或 α_{KU} 表示，单位是 J/cm^2。

冲击吸收能量（或冲击韧度）对组织缺陷非常敏感，可灵敏地反映出金属材料的质量、宏观缺口和显微组织的差异，能有效地检验金属材料在冶炼、成形加工、热处理工艺等方面的质量。

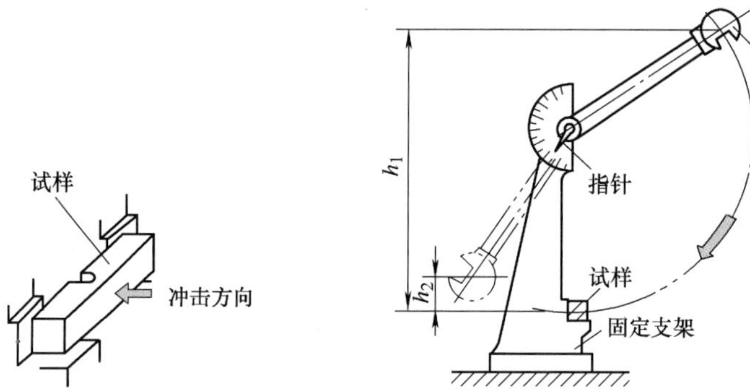

图2-8 夏比冲击试验原理示意图

3. 冲击吸收能量-温度关系曲线

冲击吸收能量（或冲击韧度）对温度非常敏感，通过一系列温度下的冲击试验可测出金属材料的脆化趋势和韧脆转变温度。有些金属材料在室温时并不显示脆性，而在较低温度下则可能发生脆断。冲击吸收能量与温度之间的关系曲线如图2-9所示。对于具有低温脆性的金属材料，曲线上包括高冲击吸收能量部分、过渡区和低冲击吸收能量部分。

在进行不同温度下的一系列冲击试验时，随试验温度的降低，冲击吸收能量总的变化趋势是随温度降低而降低。当温度降至某一数值时，冲击吸收能量急剧下降，金属材料由韧性断裂变为脆性断裂，这种现象称为冷脆转变。金属材料在一系列不同温度的冲击试验中，冲击吸收能量急剧变化或断口韧性急剧转变的温度区域，称为韧脆转变温度。韧脆转变温度是衡量金属材料冷脆倾向的指标。金属材料的韧脆转变温度越低，说明金属材料的低温抗冲击性越好。非合金钢的韧脆转变温度约为-20℃，因此在较寒冷（低于-20℃）地区使用的非合金钢构件，如车辆、桥梁、输运管道等，在冬天易发生脆断现象。所以，在选择金属材料时，应考虑其服役条件的最低温度必须高于金属材料的韧脆转变温度。

二、多次冲击试验的概念

金属材料在实际服役过程中，经过一次冲击断裂的情况极少。许多金属材料或零件的服役条件是经受小能量多次冲击。由于在一次冲击条件下测得的冲击吸收能量不能完全反映这些零件或金属材料的性能指标，因此提出了小能量多次冲击试验。

金属材料在多次冲击下的破坏过程是由裂纹产生、裂纹扩张和瞬时断裂三个阶段组成的，其破坏是每次冲击损伤积累发展的结果，不同于一次性冲击的破坏过程。

多次冲击弯曲试验示意图如图 2-10 所示。试验时将试样放在试验机支座上，使试样受到试验机锤头的小能量多次冲击，测定被测金属材料在一定冲击能量下，开始出现裂纹和最后破裂的冲击次数，以此作为多次冲击抗力指标。

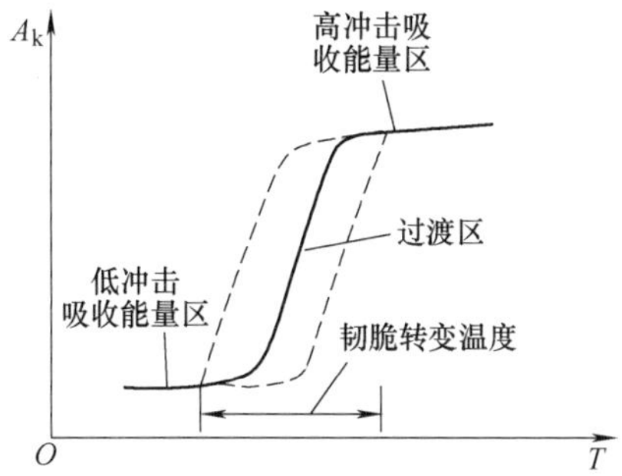

图 2-9　冲击吸收能量 – 温度关系曲线

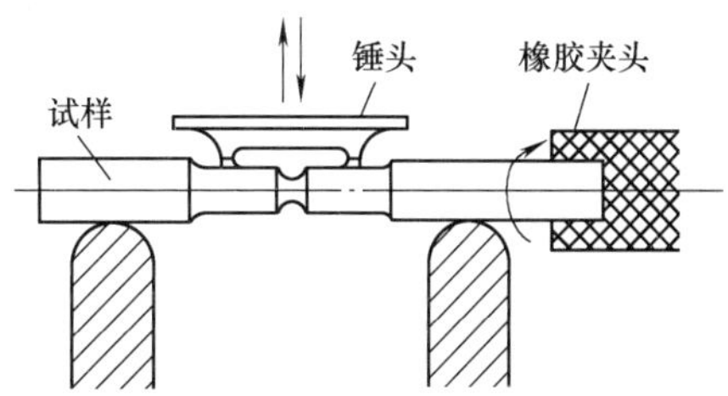

图 2-10　多次冲击弯曲试验示意图

多次冲击弯曲试验在一定程度上可以模拟零件的实际服役过程，为零件设计和选材提供了理论依据，也为估计零件的使用寿命提供了依据。

研究结果表明：金属材料抵抗多次冲击的能力取决于金属材料的强度和塑性两项指标，随着金属材料服役条件的不同，其强度和塑性的作用和要求也是不同的。对于小能量多次冲击条件下的脆断问题，金属材料抗多次冲击的能力，主要取决于金属材料的强度大小；对于大能量多次冲击条件下的脆断问题，金属材料抗多次冲击的能力，主要取决于金属材料的塑性大小。

知识点五　疲劳强度

一、疲劳

许多机械零件，如轴、齿轮、弹簧等是在循环应力和应变作用下工作的。循环应力和应变是指应力或应变的大小、方向都随时间发生周期性变化的一类应力和应变。常见的循环应力是对称循环应力，其最大值 σ_{max} 和最小值 σ_{min} 的绝对值相等，即 $\sigma_{max}/\sigma_{min} = -1$，如图 2-11所示。日常生活和生产中许多零件工作，在这种循环应力作用下，在应力值还低于制作金属材料的屈服强度或规定残余延伸强度时，就会突然发生断裂，这种现象称为金属材料的疲劳。

疲劳断裂与静载荷作用下的断裂不同。在疲劳断裂时不产生明显的塑性变形，断裂是突然发生的，因此具有很大的危险性，常常造成严重的事故。据统计，损坏的机械零件中 80% 以上是因疲劳造成的。因此，研究疲劳现象对于正确使用金属材料、合理设计机械构件，具有重要的指

想一想　如果我们手中没有手钳子，让你掰断一根 ϕ4mm 的细铁丝，你如何做？

导意义。

研究表明：疲劳断裂首先在零件的应力集中区域产生，先形成微小的裂纹核心，即形成微裂源，随后在循环应力作用下，裂纹继续扩展长大，即形成扩展区。随着疲劳裂纹不断扩展，零件的有效工作面积逐渐减小，因此零件所受应力不断增加。当应力超过金属材料的断裂强度时，则发生疲劳断裂，形成最后断裂区，即形成瞬断区。疲劳断裂的断口特征如图2-12所示。

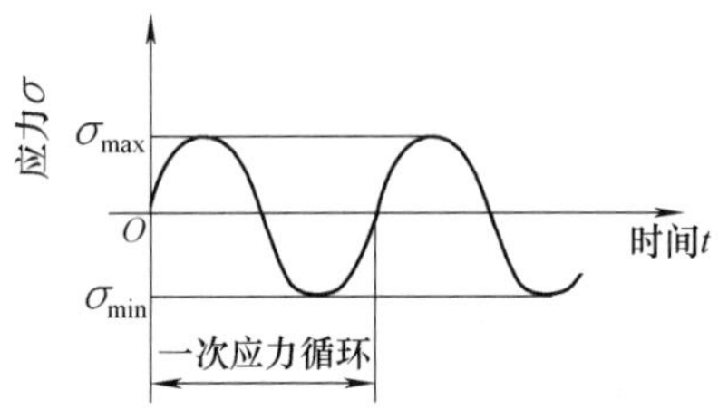

图2-11　对称循环应力

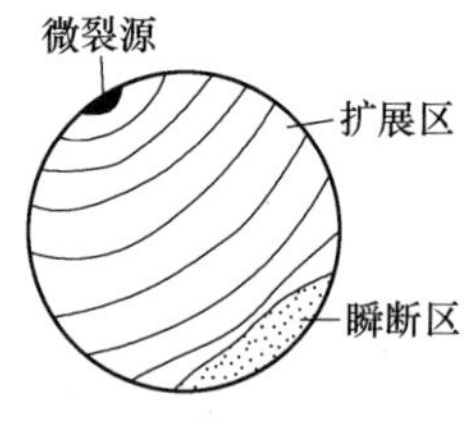

图2-12　疲劳断裂的断口特征示意图

二、疲劳强度

金属材料在循环应力作用下能经受无限多次循环而不断裂的最大应力值，称为金属材料的疲劳强度。即循环次数N无穷大时所对应的最大应力值，称为疲劳强度。在工程实践中，一般是求疲劳极限，即对应于指定的循环基数下的中值疲劳强度。对于钢铁材料，其循环基数为10^7；对于非铁金属，其循环基数为10^8。对于对称循环应力，其疲劳强度用σ_{-1}表示。许多试验结果表明：金属材料疲劳强度随着抗拉强度的提高而增加，对于结构钢，当$R_m \leqslant 1400\text{MPa}$时，其疲劳强度$\sigma_{-1}$约为抗拉强度的1/2。

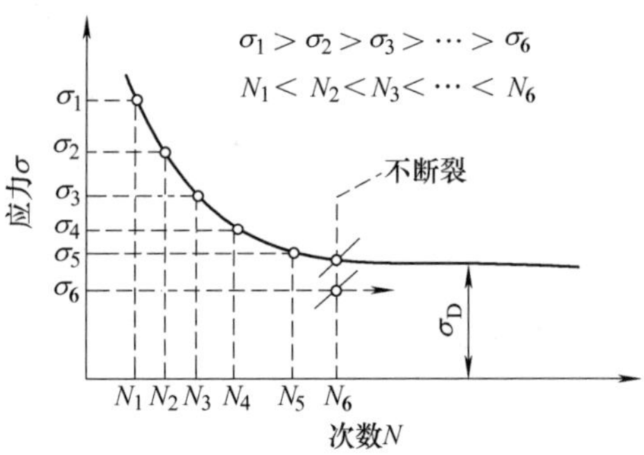

图2-13　$\sigma-N$曲线

疲劳断裂是在循环应力作用下，经一定循环次数后发生的。在循环应力或循环载荷作用下，金属材料承受一定的循环应力σ和断裂时相应的循环次数N之间的关系可以用曲线来描述，这种曲线称为$\sigma-N$曲线，如图2-13所示。这种曲线可以在一定程度上模拟金属材料的实际服役条件。

由于大部分机械零件的损坏是由疲劳造成的，消除或减少疲劳失效对于提高零件使用寿命有着重要意义。影响疲劳强度的因素很多：除设计时在结构上注意减轻零件应力集中外，改善零件表面质量，可减少缺口效应，提高疲劳强度；采用表面处理，如高频感应淬火、表面形变强化（喷丸、滚压、内孔挤压等）、化学热处理（渗碳、渗氮、碳氮共渗）以及各种表面复合强化工艺等，都可改变零件表层的残余应力状态，从而使零件的疲劳强度提高。

模块二　金属材料的物理性能和化学性能

金属材料的物理性能是指金属在重力、电磁场、热力（温度）等物理因素作用下所表现出的性能或固有的属性。它包括密度、熔点、导热性、导电性、热膨胀性和磁性等。金属材料的化学性能是指金属材料在室温或高温时抵抗各种化学介质作用所表现出来的性能，包括耐蚀性、抗氧化性和化学稳定性等。

知识点一 金属材料的物理性能

1. 密度

金属材料的密度是指在一定温度下单位体积金属材料的质量。密度是金属材料的特性之一。不同的金属材料，其密度是不同的。在体积相同的情况下，金属材料的密度越大，其质量（重量）也就越大。金属材料的密度直接关系到由它所制造的设备的自重和效能，如发动机要求活塞质轻和惯性小，常采用密度小的铝合金制造活塞。在航空航天领域中，密度更是选材的关键性能指标之一。

常用金属材料的密度见表2-2。一般将密度小于$5\times10^3kg/m^3$的金属称为轻金属，密度大于$5\times10^3kg/m^3$的金属称为重金属。

2. 熔点

金属材料从固态向液态转变时的温度称为熔点。纯金属都有固定的熔点。常用金属材料的熔点见表2-2。

表2-2 常用金属材料的物理性能数据

金属名称	元素符号	密度（20℃）ρ/($10^3kg/m^3$)	熔点/℃	热导率λ/[W/(m·K)]	线胀系数（0~100℃）α_l/(10^{-6}/℃)	电阻率（0℃）/($10^{-8}\Omega\cdot m$)
银	Ag	10.49	960.8	418.6	19.7	1.5
铝	Al	2.698	660.1	221.9	23.6	2.655
铜	Cu	8.96	1083	393.5	17.0	1.67~1.68（20℃）
铬	Cr	7.19	1903	67	6.2	12.9
铁	Fe	7.84	1538	75.4	11.76	9.7
镁	Mg	1.74	650	153.7	24.3	4.47
锰	Mn	7.43	1244	4.98（-192℃）	37	185（20℃）
镍	Ni	8.90	1453	92.1	13.4	6.84
钛	Ti	4.508	1677	15.1	8.2	42.1~47.8
锡	Sn	7.298	231.91	62.8	2.3	11.5
钨	W	19.3	3380	166.2	4.6（20℃）	5.1

合金的熔点决定于它的化学成分，如钢和生铁虽然都是铁和碳的合金，但由于其碳的质量分数不同，其熔点也不同。熔点对于金属材料和合金的冶炼、铸造、焊接等工艺是重要的工艺参数。熔点高的金属材料称为难熔金属（如钨、钼、钒等），可以用来制造耐高温零件，它们在火箭、导弹、燃气轮机和喷气飞机制造等方面有广泛的应用。熔点低的金属材料称为易熔金属（如锡、铅、铋等），可以用来制造印刷铅字（铅与锑的合金）、熔断器（铅、锡、铋、镉的合金）、焊接钎料和防火安全阀等零件。

小资料　锡（Sn）是低熔点金属之一，在 −16℃时会变成粉末状。在拿破仑对俄国的战争中，由于俄国在冬季的天气特别寒冷，而当时法国士兵的大衣纽扣是采用锡金属制作的，因此在冬季的战争中，由于严寒，导致法国士兵的大衣纽扣逐步变成粉状，使法国士兵深受寒冷的袭扰，从而大大影响了法国士兵的战斗力。

3. 导热性

金属材料传导热量的能力称为导热性。金属材料导热能力的大小常用热导率（也称导热系数）λ 表示。金属材料的热导率越大，说明其导热性越好。一般说来，金属材料越纯，其导热能力越大。合金的导热能力比纯金属差。金属材料的导热能力以银为最好，铜、铝次之。常用金属材料的热导率见表 2-2。

导热性好的金属材料，其散热性也良好，如在制造散热器、热交换器与活塞等零件时，就要注意选用导热性好的金属材料。在制订焊接、铸造、锻造和热处理工艺时，也必须考虑材料的导热性，防止金属材料在加热或冷却过程中形成较大的内应力，以免金属材料发生变形或开裂。

4. 导电性

金属材料能够传导电流的性能，称为导电性。金属材料导电性的好坏常用电阻率 ρ 表示。取长 1m、截面积为 $1mm^2$ 的物体，在一定温度下所具有的电阻数，称为电阻率，单位是 Ω · m。金属材料的电阻率越小，其导电性就越好。

导电性和导热性一样，纯金属的导电性总比合金好。工业上常用纯铜、纯铝做导电材料，而用导电性差的铜合金（康铜）和铁铬铝合金做电热元件。常用金属材料的电阻率见表 2-2。

5. 热膨胀性

金属材料随着温度变化而膨胀或收缩的特性称为热膨胀性。一般来说，金属材料受热时膨胀而且体积增大，冷却时收缩而且体积缩小。热膨胀性的大小用线胀系数 α_l 和体胀系数 α_V 来表示。

体胀系数近似为线胀系数的 3 倍。常用金属材料的线胀系数见表 2-2。在实际工作中考虑热膨胀性的地方颇多，如铺设钢轨时，在两根钢轨衔接处应留有一定的空隙，以便钢轨在长度方向有膨胀的余地；轴与轴瓦之间要根据膨胀系数来控制其间隙尺寸；在制订焊接工艺、热处理工艺、铸造工艺和锻压工艺时，也必须考虑材料热膨胀的影响，以减少工件的变形与开裂；测量工件的尺寸时，也要注意热膨胀因素，做到减少测量误差。

6. 磁性

金属材料在磁场中被磁化而呈现磁性强弱的性能称为磁性。磁性通常用磁导率 μ(H/m) 表示。根据金属材料在磁场中受到磁化程度的不同，金属材料可分为铁磁性材料、顺磁性材料和抗磁性材料。

（1）铁磁性材料　在外加磁场中，能强烈地被磁化到很大程度的金属材料，如铁、镍、钴等。

（2）顺磁性材料　在外加磁场中呈现十分微弱磁性的金属材料，如锰、铬、钼等。

（3）抗磁性材料　能够抗拒或减弱外加磁场磁化作用的金属材料，如铜、金、银、铅、锌等。

在铁磁性材料中，铁及其合金（包括钢与铸铁）具有明显的磁性。镍和钴也具有磁性，但远不如铁。铁磁性材料可用于制造变压器的铁心、发动机的转子和测量仪表等；抗磁性材料则可用于制作要求避免电磁场干扰的零件和结构材料。

知识点二　金属材料的化学性能

金属材料在机械制造中不但要满足力学性能、物理性能等要求，同时还要具有一定的化学性能，尤其是要求耐腐蚀、耐高温的机械零件，更应重视金属材料的化学性能。

1. 耐蚀性

金属材料在常温下抵抗氧、水及其他化学介质腐蚀破坏作用的能力，称为耐蚀性。

金属材料的耐蚀性是一个重要的性能指标，尤其对在腐蚀介质（如酸、碱、盐、有毒气体等）中工作的零件，其腐蚀现象比在空气中更为严重。因此，在选择金属材料制造这些零件时，应特别注意金属材料的耐蚀性，并合理使用耐蚀性良好的金属材料进行制造。耐候钢、铜及铜合金、铝及铝合金、钛及钛合金等在室温条件下能耐大气腐蚀，一般都具有良好的耐蚀性。

小资料　金属腐蚀的危害性非常大，它使宝贵的金属材料变为废物，使生产设备或生活设施过早地报废。因腐蚀所酿成的事故常具有隐蔽性和突发性，一旦发生事故，事态往往十分严重。据有关资料介绍，钢材锈蚀达1%，其强度下降为5%～10%。全世界每年由于腐蚀而报废的金属设备和材料，相当于全年金属产量的1/3。每年仅由于金属腐蚀造成的直接损失就占国民经济总产值的1%～4%。

2. 抗氧化性

金属材料在加热时抵抗氧化作用的能力，称为抗氧化性。金属材料的氧化随温度升高而加速，如钢材在铸造、锻造、热处理、焊接等热加工作业时，氧化比较严重。氧化不仅造成金属材料过量的损耗，也会形成各种缺陷，为此常采取措施，避免金属材料发生氧化。耐热钢、高温合金、钛合金等都具有良好的高温抗氧化性。

3. 化学稳定性

化学稳定性是金属材料的耐蚀性与抗氧化性的总称。金属材料在高温下的化学稳定性称为热稳定性。在高温条件下工作的设备（如锅炉、加热设备、汽轮机、喷气发动机等）上的部件需要选择热稳定性好的金属材料来制造。

模块三　金属材料的工艺性能

金属材料的工艺性能直接影响制造零件的加工质量、生产率和加工成本，同时也是选择金属材料时必须考虑的重要因素之一。

知识点一　铸造性能

金属材料在铸造成形过程中获得外形准确、内部健全铸件的能力称为铸造性能。铸造性能包括流动性、吸气性、收缩性和偏析等。流动性是指金属液本身的流动能力。收缩性是金属材料从液态凝固和冷却至室温过程中产生的体积和尺寸的缩减现象。金属材料的流动性越好、收缩率越小，表明金属材料的铸造性能越好。在金属材料中，灰铸铁和青铜的铸造性能较好。

知识点二　压力加工性能

金属材料利用压力加工方法塑造成形的难易程度称为压力加工性能。压力加工性能的好坏主要与金属材料的塑性和变形抗力有关。塑性越好、变形抗力越小，金属材料的压力加工性能越好。例如，黄铜和铝合金在室温状态下就有良好的压力加工性能；非合金钢在加热状态下压力加工性能较好；而铸铜、铸铝、铸铁等几乎不能进行压力加工。

知识点三　焊接性

焊接性是指金属材料在限定的施工条件下焊接成按规定设计要求的构件，并满足预定服役要求的能力。钢的焊接性主要取决于碳及合金元素的含量，其中影响最大的是碳元素。

对于非合金钢及低合金钢，常用碳当量来评定它的焊接性。所谓碳当量，是指把钢中的合金元素（包括碳）含量按其作用换算成碳的相当含量的总和，用符号 $w(\mathrm{CE})$ 表示。

国际焊接学会推荐的碳当量 $w(\mathrm{CE})$ 的计算公式为

$$w(\mathrm{CE}) = w(\mathrm{C}) + w(\mathrm{Mn})/6 + [w(\mathrm{Cr}) + w(\mathrm{Mo}) + w(\mathrm{V})]/5 + [w(\mathrm{Ni}) + w(\mathrm{Cu})]/15$$

在计算碳当量时，各元素的质量分数都取化学成分范围的上限。

根据一般经验，碳当量 $w(\mathrm{CE}) < 0.4\%$ 时，淬硬倾向小，焊接性良好，焊接时不需预热；$w(\mathrm{CE}) = 0.4\% \sim 0.6\%$ 时，淬硬倾向较大，焊接性较差，一般需要预热；$w(\mathrm{CE}) > 0.6\%$ 时，淬硬倾向严重，焊接性差，需要较高的预热温度和严格的工艺措施。

焊接性好的金属材料能获得没有裂纹、气孔等缺陷的焊缝，并且焊接接头具有良好的力学性能。低碳钢具有良好的焊接性，而高碳钢、不锈钢、铸铁的焊接性较差。

知识点四　可加工性

可加工性是指金属材料在切削加工时的难易程度。可加工性好的金属材料对使用的刀具磨损量小，可以选用较大的切削用量，加工表面也比较光洁。可加工性与金属材料的硬度、导热性、冷变形强化等因素有关。金属材料硬度在 170 ~ 230HBW 时，最易进行切削加工。铸铁、铜合金、铝合金及非合金钢都具有较好的可加工性，而高合金钢的可加工性较差。

【综 合 训 练】

一、名词解释

1. 力学性能　2. 强度　3. 屈服强度　4. 抗拉强度　5. 断后伸长率　6. 塑性　7. 韧性　8. 硬度　9. 疲劳　10. 物理性能　11. 化学性能　12. 工艺性能　13. 磁性

二、填空题

1. 金属材料的性能包括______性能和______性能。

2. 金属材料的化学性能包括______性、______性和______性等。

3. 铁和铜的密度较大，称为______金属；铝的密度较小，称为______金属。

4. 洛氏硬度按选用的总试验力及压头类型的不同，常用的标尺有______、______和______。

5. 500HBW5/750 表示用直径为______mm，材质为______的压头，在______kgf（______kN）压力下，保持______s，测得的______硬度值为______。

6. 冲击吸收能量的符号是______，其单位为______。

7. 填出下列力学性能指标的符号：屈服强度______、洛氏硬度 A 标尺______、断后伸长率______、断面收缩率______、对称弯曲疲劳强度______。

8. 根据金属材料在磁场中受到磁化程度的不同，金属材料可分为______材料、______材料和______材料。

9. 金属材料的使用性能包括______性能、______性能和______性能。

10. 疲劳断裂的过程包括______、______和______。

三、选择题

1. 拉伸试验时，试样拉断前能承受的最大标称应力称为材料的______。

A. 屈服强度　B. 抗拉强度

2. 测定淬火钢件的硬度，一般常选用______来测试。

A. 布氏硬度计　B. 洛氏硬度计　C. 维氏硬度计

3. 进行疲劳试验时，试样承受的载荷为______。

A. 静载荷　B. 冲击载荷　C. 循环载荷

4. 金属材料抵抗永久变形和断裂的能力，称为______。

A. 硬度　B. 塑性　C. 强度

5. 金属材料的______越好，则其压力加工性能越好。

A. 强度　B. 塑性　C. 硬度

四、判断题

1. 合金的熔点取决于它的化学成分。（　）

2. 1kg 钢和 1kg 铝的体积是相同的。（　）

3. 导热性差的金属材料，加热和冷却时会产生较大的内、外温度差，导致内、外金属材料不同的膨胀或收缩，产生较大的内应力，从而使金属材料变形，甚至产生开裂。（　）

4. 金属材料的电阻率越大，导电性越好。（　）

5. 所有的金属材料都具有磁性，能被磁铁所吸引。（　）

6. 塑性变形能随载荷的去除而消失。（　）

7. 所有金属材料在拉伸试验时都会出现明显的屈服现象。（　）

8. 进行布氏硬度试验时，当试验条件相同时，压痕直径越小，则材料的硬度越低。（　）

9. 洛氏硬度值是根据压头压入被测材料的压痕残留的深度来确定的。（　）

10. 在小能量多次冲击条件下，金属材料抗多次冲击的能力主要取决于金属材料的强度高低。（　）

五、简答题

1. 画出低碳钢拉伸力-伸长曲线，并简述拉伸变形的几个阶段。

2. 采用布氏硬度试验测取材料的硬度值有哪些优缺点？

3. 有一钢试样，其直径为10mm，标距长度为50mm，当载荷达到18.84×10^3N（最大屈服力）时试样产生屈服现象；载荷加至36.11×10^3N时，试样开始产生缩颈现象，然后被拉断；试样拉断后标距长度为73mm，断裂处直径为6.7mm，求试样的R_{eH}、R_m、A和Z。

六、课外调研与观察

观察你周围的工具、器皿和机械设备等，分析其制造材料的性能与使用要求的关系。

第三单元 金属材料的晶体结构与结晶

【学习目标】

本单元主要介绍金属材料的晶体结构、结晶过程、同素异晶转变、铸锭组织、塑性变形原理、焊接接头组织等内容。在学习过程中，第一，要准确认识不同金属的晶体结构特征，并且要能够从宏观和微观两个角度研究材料的不同性能表现，善于利用所学的微观理论知识对材料的宏观性能表现进行分析，深入微观了解材料的本质特征；第二，要学会利用日常生活中的现象进行思考和分析，理解结晶的过程和现象，如“冰冻三尺非一日之寒”，雪花是如何形成的，为什么雪花融化后会形成粉末沉淀现象等；第三，要准确理解和认识同素异晶转变现象，因为金属的各种热处理工艺均与此现象相关；第四，本单元的有关知识是学习后续课程的基础。

金属材料的性能主要是由其化学成分和内部组织结构决定的。研究金属材料的内部结构及其变化规律，是了解金属材料性能、正确选用材料、合理确定金属成形加工方法的基础知识。

模块一 金属材料的晶体结构

知识点一 晶体与非晶体

一切物质都是由原子组成的，根据原子排列的特征，固态物质可分为晶体与非晶体两类。内部的质点（原子、离子或分子）呈规律性和周期性排列的物质，称为晶体，如图 3-1a 所示。晶体具有固定的熔点、几何外形和各向异性特征，如金刚石、石墨、单晶硅及一般固态金属材料等均是晶体。内部的质点呈无规则排列的物质称为非晶体，如玻璃、沥青、石蜡、松香等都是非晶体。此外，随着现代科技的发展，人们还制成了具有特殊性能的非晶体状态的金属材料。

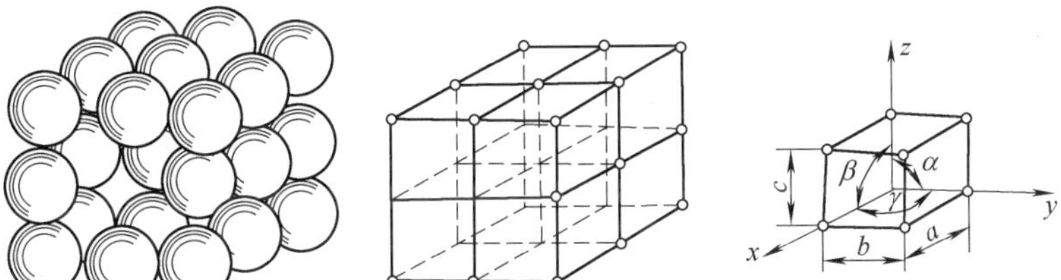

a) b) c)

图 3-1 简单立方晶格与晶胞示意图

a）晶体中的原子排列 b）晶格 c）晶胞

知识点二　金属材料的晶体结构

一、晶格

为了便于清楚地描述和理解晶体中原子在三维空间排列的规律性，可把晶体内部原子近似地视为刚性质点，用一些假想的直线将各质点中心连接起来，便形成了一个空间格子，如图3-1b所示。这种抽象地用于描述原子在晶体中排列形式的空间几何格子，称为晶格。

二、晶胞

根据晶体中原子排列规律性和周期性的特点，通常从晶格中选取一个能够充分反映原子排列特点的最小几何单元进行分析。这个组成晶格的最小几何单元称为晶胞，如图3-1c所示。

三、常见金属材料的晶格类型

在已知的80多种金属元素中，大部分金属的晶体结构属于下列三种类型之一。

1. 体心立方晶格

体心立方晶格的晶胞是立方体，立方体的八个顶角和中心各有一个原子，因此每个晶胞实有原子数是两个，如图3-2所示。具有这种晶格的金属主要是钨（W）、钼（Mo）、铬（Cr）、钒（V）和α铁（α－Fe）等。

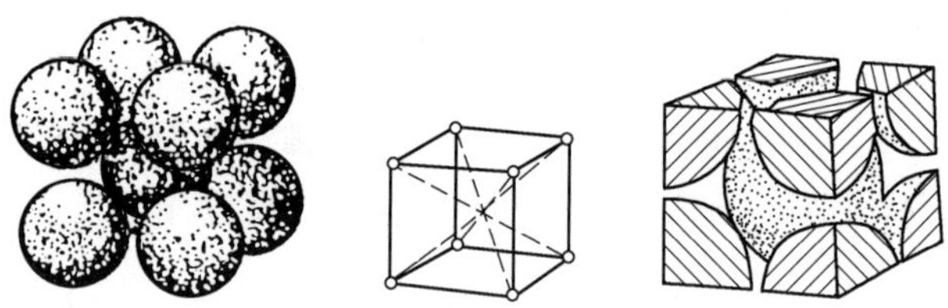

a)　b)　c)

图3-2　体心立方晶格示意图

2. 面心立方晶格

面心立方晶格的晶胞也是立方体，立方体的八个顶角和六个面的中心各有一个原子，因此每个晶胞实有原子数是4个，如图3-3所示。具有这种晶格的金属主要是金（Au）、银（Ag）、铝（Al）、铜（Cu）、镍（Ni）和γ铁（γ－Fe）等。

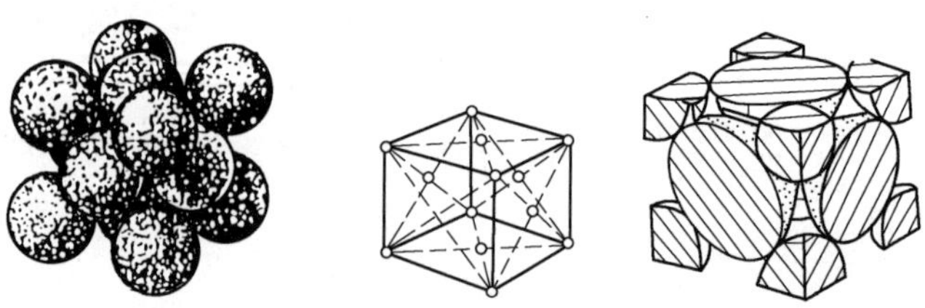

a)　b)　c)

图3-3　面心立方晶格示意图

3. 密排六方晶格

密排六方晶格的晶胞是六方柱体，在六方柱体的12个顶角和上、下底面中心各有一个原子，另外在上、下面之间还有三个原子，因此每个晶胞实有原子数是6个，如图3-4所示。具有此种晶格的金属主要是镁（Mg）、锌（Zn）、铍（Be）和α钛（α－Ti）等。

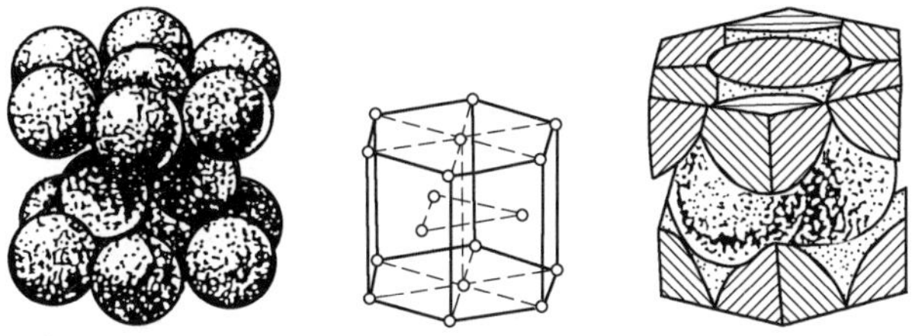

a)　　b)　　c)

图 3-4　密排六方晶格示意图

知识点三　金属材料的实际晶体结构

如果一块晶体内部的晶格位向（即原子排列的方向）完全一致，称这块晶体为单晶体，如单晶硅、单晶锗等。只有采用特殊方法才能获得单晶体。实际使用的金属材料即使体积很小，其内部仍包含了许多颗粒状的小晶体，各小晶体中原子排列的方向不尽相同，这种由许多晶粒组成的晶体称为多晶体，如图 3-5 所示。多晶体材料内部以晶界分开的、晶体学位向相同的晶体称为晶粒。将任何两个晶体位向不同的晶粒隔开的那个内界面称为晶界。

由于一般的金属材料是多晶体结构，故通常测出的性能是各个位向不同的晶粒的平均性能，其结果使金属材料显示出各向同性。

在晶界上原子的排列不像晶粒内部那样有规则性，这种原子排列不规则的区域称为晶体缺陷。根据晶体缺陷存在的几何形式，可将晶体缺陷分为点缺陷、线缺陷和面缺陷三种。

一、点缺陷

点缺陷是晶体中呈点状的缺陷，即在三维空间上的尺寸都很小的晶体缺陷。最常见的缺陷是晶格空位和间隙原子。原子空缺的位置称为空位；存在于晶格间隙位置的原子称为间隙原子，如图 3-6 所示。

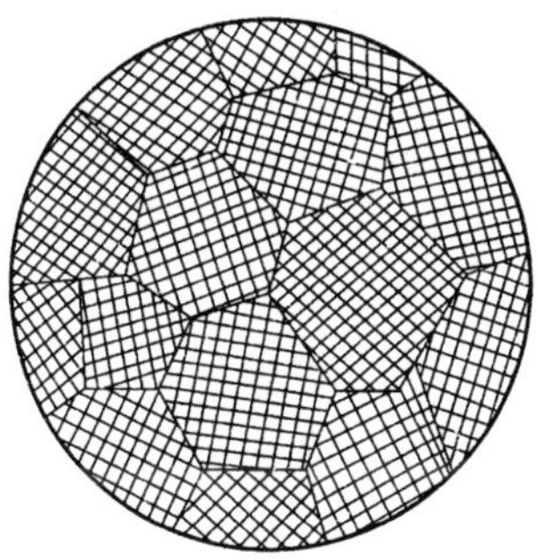

图 3-5　金属的多晶体结构示意图

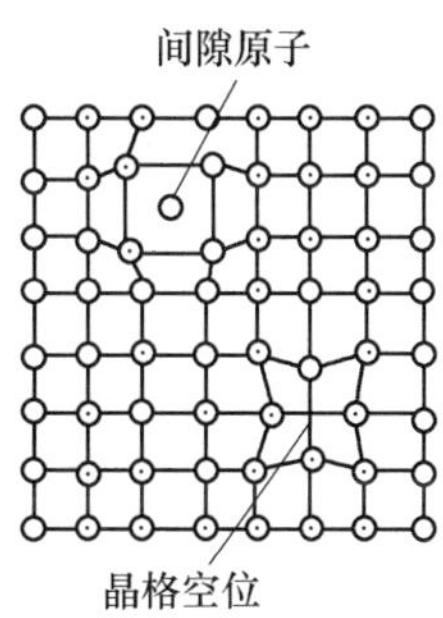

图 3-6　晶格空位和间隙原子示意图

二、线缺陷

线缺陷是指在三维空间的两个方向上尺寸很小的晶体缺陷，如图 3-7 所示。这种缺陷主要是指各种类型的位错。所谓位错是指晶格中一列或若干列原子发生了某种有规律的错排现象。由于位错的存在，造成金属晶格畸变，并对金属的性能（如强度、塑性、疲劳及原子扩散、相变过程等）产生重要影响。

三、面缺陷

面缺陷是指在二维方向上尺寸很大，在第三个方向上的尺寸很小，呈面状分布的缺陷，通常面缺陷是指晶界，如图 3-8 所示。

晶体缺陷对金属材料的性能会产生很大影响。例如，在晶界处由于原子呈不规则排列，使晶格处于畸变状态，使金属材料的塑性变形抗力增大，从而使金属材料的强度和硬度有所提高。

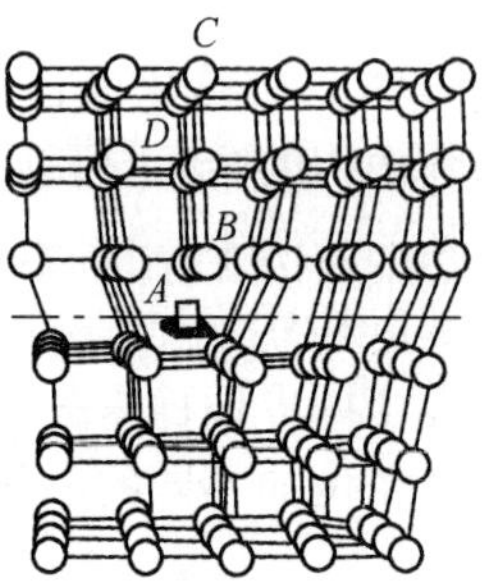

图 3-7　刃型位错示意图

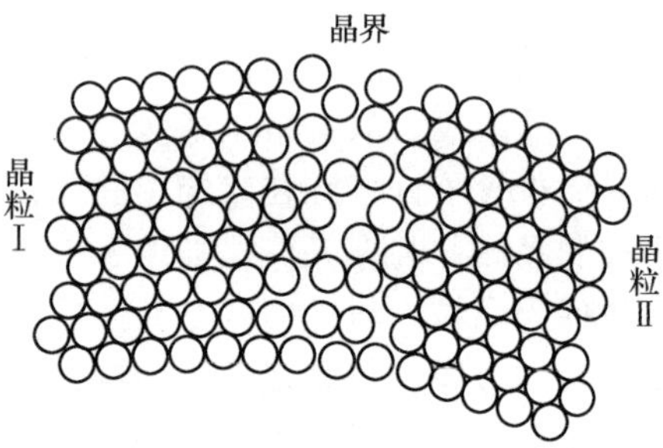

图 3-8　晶界过渡结构示意图

模块二　纯金属的结晶

大多数的金属材料制件都是经过熔化、冶炼和浇注等工序获得的。金属由液态转变为固态的过程称为凝固。金属通过凝固形成晶体的过程称为结晶。金属材料结晶形成的铸态组织，将直接影响金属材料的各种性能。研究金属材料结晶的目的就是为了掌握结晶的基本规律，以便指导实际生产，获得所需要的组织和性能。

知识点一　冷却曲线与过冷度

纯金属的结晶是在恒温下进行的，通常采用热分析法研究和测量其结晶温度。测量前首先将金属熔化，然后以缓慢的速度冷却，在冷却过程中，每隔一定时间测定一次温度，最后将测量结果绘制在温度 – 时间坐标系上，即可得到如图 3-9a 所示的纯金属结晶时的冷却曲线。

由冷却曲线可见，随着时间的推移，液态金属温度不断下降，当冷却到某一温度时，在冷却曲线上出现水平线段，这条水平线段所对应的温度就是金属的理论结晶温度（T_0）。另外，从图 3-9b 中的曲线还可看出，金属在实际结晶过程中，从液态必须冷却到理论结晶温度（T_0）以下才开始结晶，这种现象称为过冷。理论结晶温度 T_0 和实际结晶温度 T_n 之差 ΔT，称为过冷度。

研究表明，金属材料结晶时的过冷度并不是一个恒定值，而是与冷却速度有关。冷却速

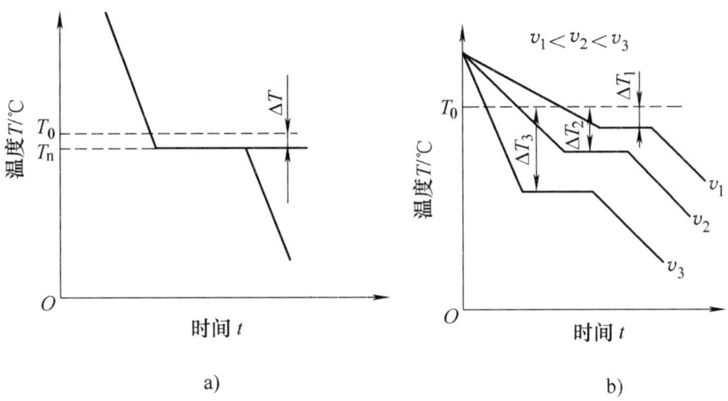

图 3-9　纯金属结晶时的冷却曲线

a）纯金属以极缓慢的速度冷却　b）实际冷却条件下的冷却

度越大，过冷度越大，金属材料的实际结晶温度也越低。

在实际生产中，金属材料结晶必须在一定的过冷度下进行，过冷是金属材料结晶的必要条件，但不是充分条件。金属材料要进行结晶，还要满足动力学条件，如必须有原子的移动和扩散等。

知识点二　金属材料的结晶过程

实验证明，液态金属材料在达到结晶温度时，首先形成一些极细小的微晶体，称为晶核。随着时间的推移，已形成的晶核不断长大。与此同时，又有新的晶核形成、长大，直至液态金属材料全部凝固。凝固结束后，各个晶核长成的晶粒彼此相互接触，如图 3-10 所示。晶核形成和晶核长大是金属材料结晶的基本过程。

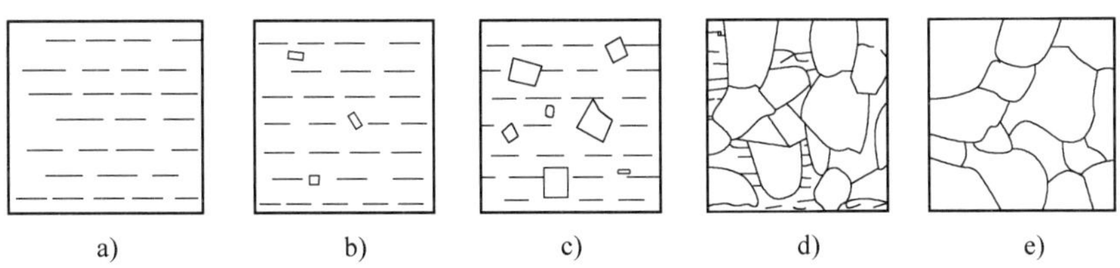

图 3-10　纯金属结晶过程示意图

a）熔液　b）形核　c）形核与晶核长大　d）晶核继续长大　e）结晶结束

知识点三　金属材料结晶后晶粒的控制

1. 晶粒大小对金属材料力学性能的影响

金属材料结晶后形成由许多晶粒组成的多晶体。晶粒大小对金属材料的力学性能有很大影响。一般情况下，晶粒越细小，金属材料的强度、硬度越高，塑性、韧性越好。因此，生产实践中总是使金属材料及其合金获得较细的晶粒组织。晶粒大小对纯铁力学性能的影响见

表3-1。

表3-1　纯铁晶粒大小对其强度和塑性的影响

晶粒平均直径 $100d_{av}$/mm	抗拉强度 R_m/MPa	断后伸长率 A（%）
9.7	168	28.8
7.0	184	30.6
2.5	215	39.6
0.2	268	48.8
0.16	270	50.7
0.1	284	50.0

2. 控制晶粒大小的方法

在生产中，为了获得细小的晶粒组织，常采用以下方法。

1）加快液态金属材料的冷却速度。如降低浇注温度、采用蓄热大和散热快的金属铸型、局部加冷铁以及采用水冷铸型等，都可以提高冷却速度，可以达到细化晶粒的目的，但这些措施对大型铸件效果不明显。

2）变质处理。所谓变质处理就是在浇注前以少量固体材料加入熔融金属中，增加形核数量，从而达到细化晶粒、改善其组织和性能的方法。加入的少量固体材料可起晶核作用。

3）采用机械振动、超声波振动和电磁振动等，可使生长中的枝晶破碎，使晶核数增多，从而达到细化晶粒的效果。

小实验　在寒冷的冬天将三盆干净的清水放在户外，第一盆水不做处理，在第二盆清水中心放入一根筷子，在第三盆清水中撒入一把锯末，观察各盆水从什么地方开始结冰。哪个盆中冰的晶粒数量最多？哪盆最少？

模块三　金属材料的同素异构转变

大多数金属材料结晶后，其晶格类型不会发生变化。但有少数金属材料，如铁、锰、钛、钴、锡等，在结晶后继续冷却时，晶格类型会发生变化。金属材料在固态下由一种晶格转变为另一种晶格的转变过程，称为同素异构转变或称同素异晶转变。如图3-11所示，由纯铁的冷却曲线可以看出，液态纯铁在结晶后具有体心立方晶格，称为δ-Fe，当其冷却到1394℃时，发生同素异构转变，由体心立方晶格的δ-Fe转变为面心立方晶格的γ-Fe，再冷却到912℃时，原子排列方式又由面心立方晶格转变为体心立方晶格，称为α-Fe。上述转变过程可由下式表示

$$\delta\text{-Fe} \xrightleftharpoons{1394^\circ\text{C}} \gamma\text{-Fe} \xrightleftharpoons{912^\circ\text{C}} \alpha\text{-Fe}$$

同素异构转变是钢铁材料的一个重要特性，是钢铁材料能够进行热处理的理论依据。同

素异构转变是通过原子的重新排列来完成的（犹如队列变换队形一样），这一过程有如下特点。

1）同素异构转变由晶核的形成和晶核的长大两个基本过程来完成，新晶核优先在原晶界处生成。

2）同素异构转变时有过冷（或过热）现象，并且转变时具有较大的过冷度。

3）同素异构转变过程中，有相变潜热产生，在冷却曲线上也会出现水平线段，但这种转变是在固态下进行的，与液体结晶相比具有不同之处。

4）同素异构转变时常伴有金属材料体积的变化。

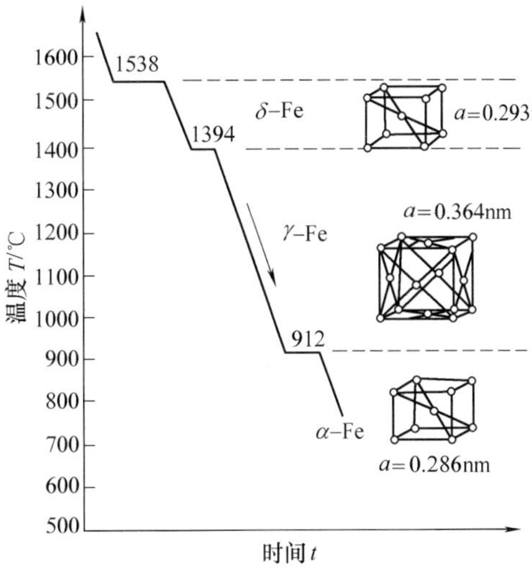

图 3-11　纯铁的冷却曲线与同素异构转变示意图

模块四　合金的相结构

知识点一　基本概念

一、组元

组成合金最基本的、独立的物质称为组元。一般来说，组元就是组成合金的元素，有时也可将稳定的化合物作为组元。根据合金组元数目的多少，可将合金分为二元合金、三元合金等。

二、合金系

由若干给定组元按不同比例配制而成的一系列化学成分不同的合金，称为合金系。

三、相

相是指在一个合金系中具有相同的物理性能和化学性能，并与该合金系的其余部分以界面分开的部分。例如，在铁碳合金中 α – Fe 为一个相，Fe_3C 为一个相；水和冰虽然化学成分相同，但其物理性能不同，故为两个相。

四、组织

组织是指用金相观察方法，在金属及其合金内部看到的涉及晶体或晶粒的大小、方向、形状、排列等组成关系的构造情况。

由于合金的性能取决于组织，而组织又首先取决于合金中的相，所以为了了解合金的组织和性能，首先必须了解合金的相结构。

知识点二 合金的相结构

根据合金中各组元间的相互作用，合金中的相结构可分为固溶体、金属化合物和机械混合物三种类型。

一、固溶体

将糖溶于水中，可以得到糖在水中的“液溶体”，其中水是溶剂，糖是溶质。如果糖水结成冰，便得到糖在固态水中的“固溶体”。合金中也有类似的现象，合金在固态下一种组元的晶格内溶解了另一组元原子而形成的晶体相，称为固溶体。

在固溶体中晶格保持不变的组元称为溶剂，因此固溶体的晶格类型与溶剂相同，固溶体中的其他组元称为溶质。根据溶质原子在溶剂晶格中所占位置的不同，可将固溶体分为置换固溶体和间隙固溶体。

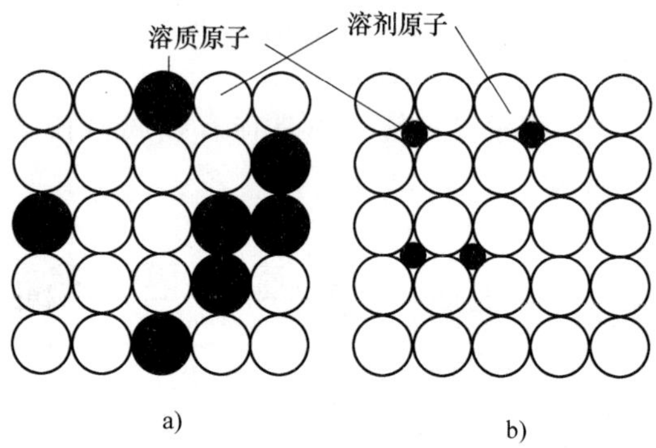

图 3-12 固溶体的类型

a）置换固溶体 b）间隙固溶体

1. 置换固溶体

溶质原子代替一部分溶剂原子占据溶剂晶格部分结点位置时，所形成的晶体相称为置换固溶体，如图 3-12a 所示。按溶质溶解度的不同，置换固溶体又可分为有限固溶体和无限固溶体。溶解度大小主要取决于组元间的晶格类型、原子半径和原子结构。

实践证明，大多数固溶体只能有限固溶，且溶质在固溶体中的溶解度随着温度的升高而增加。只有两组元晶格类型相同，原子半径相差很小时，才可能无限互溶，形成无限固溶体。

2. 间隙固溶体

溶质原子在溶剂晶格中不占据溶剂结点位置，而嵌入各结点之间的间隙内时，所形成的晶体相称为间隙固溶体，如图 3-12b 所示。

由于溶剂晶格的间隙有限，所以间隙固溶体只能有限溶解溶质原子，同时只有在溶质原子与溶剂原子半径的比值小于 0. 59 时，才能形成间隙固溶体。间隙固溶体的溶解度与温度、溶质与溶剂原子半径的比值以及溶剂晶格类型等有关。

研究结果指出，无论是置换固溶体还是间隙固溶体，异类原子的溶入都将使固溶体晶格发生畸变，增加位错运动的阻力，使固溶体的强度、硬度提高。这种通过溶入溶质原子形成固溶体，使合金强度、硬度升高的现象称为固溶强化。固溶强化是强化金属材料的重要途径之一。

实践证明，只要适当控制固溶体中溶质的含量，就能在显著提高金属材料强度的同时仍然使其保持较高的塑性和韧性。

二、金属化合物

金属化合物是指合金中各组元间原子按一定整数比形成的具有金属特性的新相，如铁碳合金中的渗碳体（Fe_3C）就是铁和碳组成的金属化合物。金属化合物具有与其构成组元晶格截然不同的特殊晶格，具有熔点高、硬度高、脆性大的特性。合金中出现金属化合物时，通常能显著地提高合金的强度、硬度和耐磨性，但合金的塑性和韧性则会明显地降低。

三、机械混合物

固溶体、金属化合物均是组成合金的基本相。由两相或两相以上组成的多相组织，称为机械混合物。在机械混合物中，各组成相仍保持其原有的晶格类型和性能，而整个机械混合物的性能介于各组成相性能之间，并与各组成相的性能以及相的数量、形状、大小和分布状况等密切相关。绝大多数合金材料是机械混合物这种组织状态。

模块五　合金的结晶

知识点一　合金的结晶过程

合金结晶后可形成不同类型的固溶体、金属化合物或机械混合物。其结晶过程与纯金属一样，仍为晶核形成和晶核长大两个过程，同时合金结晶时也需要一定的过冷度，结晶结束后也形成由多晶粒组成的晶体。合金与纯金属结晶的不同之处在于：

1）纯金属结晶是在恒温下进行的，只有一个临界点。而合金绝大多数是在一个温度范围内进行结晶，结晶的开始温度与终止温度不同，有两个或两个以上临界点。

2）合金在结晶过程中，在局部范围内相的化学成分（即浓度）有变化，当结晶终止后，整个晶体的平均化学成分与原合金的化学成分相同。

3）合金结晶后不是单相，一般有三种情况：第一种是形成单相固溶体；第二种是形成单相金属化合物或同时结晶出两相机械混合物（如共晶体）；第三种是结晶开始形成单相固溶体（或单相化合物），剩余液体又同时结晶出两相机械混合物（如共晶体）。

知识点二　合金结晶冷却曲线

合金的结晶过程比纯金属复杂得多，但其结晶过程仍可用热分析法进行研究和测量，并用结晶冷却曲线来描述不同合金的结晶过程。一般合金的结晶冷却曲线有以下三种形式。

一、形成单相固溶体的结晶冷却曲线

如图3-13中曲线Ⅰ所示，组元在液态下完全互溶，固态下仍完全互溶，结晶后形成单相固溶体。图中 a、b 点分别为结晶开始温度和结晶终止温度。因结晶开始后，随着结晶温度不断下降，剩余液体的成分将不断发生改变，另外晶体放出的结晶潜热又不能完全补偿结晶过程中向外散失的热量，所以 a、b 为一倾斜线段，结晶过程中有两个临界点。

二、形成单相金属化合物或析出共晶体的结晶冷却曲线

如图3-13中曲线Ⅱ所示，组元在液态下完全互溶，在固态下完全不互溶或部分互溶，结晶后形成单相金属化合物或析出共晶体。图中 a、a' 两点分别为结晶开始温度和终止温

度，两个结晶温度是相同的。由于单相化合物的组成成分一定，在结晶过程中无成分变化，因此与纯金属结晶相似，aa'线为一水平线段，只有一个临界点。

从一定成分的液体合金中同时结晶出两种固相物质的过程，称为共晶转变（共晶反应），其结晶产物称为共晶体。实验证明，共晶转变是在恒温下进行的。

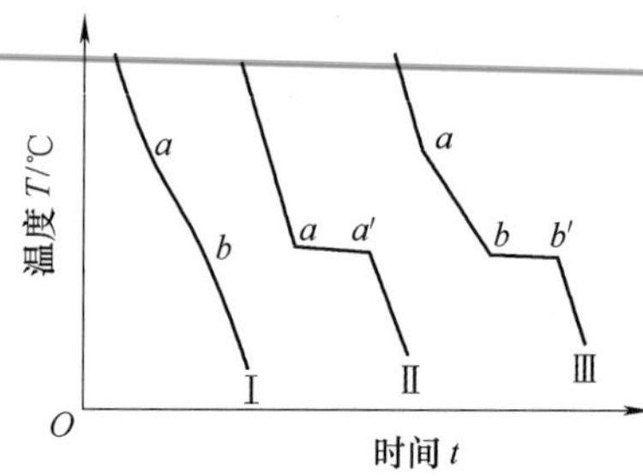

图 3-13　合金结晶冷却曲线

Ⅰ—形成单相固溶体

Ⅱ—形成单相金属化合物或析出共晶体

Ⅲ—形成机械混合物

三、形成机械混合物的冷却曲线

如图 3-13 中曲线Ⅲ所示，组元在液态下完全互溶，在固态下部分互溶，结晶开始形成单相固溶体后，剩余液体则同时结晶出共晶体。图中 a、b 两点分别为结晶开始温度和终止温度。在 ab 段结晶过程中，随结晶温度不断下降，剩余的液体成分也不断改变。到 b 点时，剩余的液体将发生共晶转变，结晶将在恒温下继续进行，到 b'点结束，因此结晶过程中有两个临界点。

在固态下由一种单相固溶体同时析出两相固体物质的过程，称为共析转变（共析反应）。共析转变与共晶转变一样，也是在恒温条件下进行的。

模块六　金属材料铸锭组织特征

金属材料在铸造状态的组织会直接影响金属材料在压力加工过程中的性能及其相关产品的性能。金属材料的结晶产品大体可以分为三个类型。

1）结晶后在铸造状态下直接使用，这类产品称为铸件。

2）结晶后要进行轧制、锻造等压力加工，这类产品称为锻坯或铸锭。

3）结晶后形成工件的一个组成部分，如焊件的焊缝、金属的热镀层等。

下面分析金属材料在铸造状态下的组织结构。

知识点一　铸锭的组织结构

金属材料在结晶过程中除了受过冷度和未熔杂质两个重要因素影响外，还受其他多种因素的影响，其影响结果可以从金属铸锭的组织构造中看出来。图 3-14 所示为纵向及横向剖开的铸锭，从中可以发现金属铸锭呈现三个不同外形的晶粒区，即表面细晶粒区、柱状晶粒区和等轴晶粒区。

一、表面细晶粒区

液态金属材料刚注入锭模时，模壁温度较低，表面层的金属液剧烈冷却，因而在较大的过冷度下结晶。另外，铸模壁上有很多固体质点，可以起到许多自发形核的作用，因而使金属铸锭出现表面细晶粒组织。表面细晶粒区的组织特点是：晶粒细小，区域厚度较小，组织致密，成分均匀，力学性能较好。

二、柱状晶粒区

柱状晶粒区的出现主要是因为金属铸锭受垂直于模壁散热方向的影响。细晶粒层形成后，随着模壁温度的升高，铸锭的冷却速度有所降低，晶核的形核率下降，长大速度提高，各晶粒可较快地成长。同时，凡晶轴垂直于模壁的晶粒，由于其沿着晶轴向模壁传热较快，因而它们的成长不致因彼此之间相互抵触而受限制，所以这些晶粒优先得到成长，从而形成柱状晶粒区。

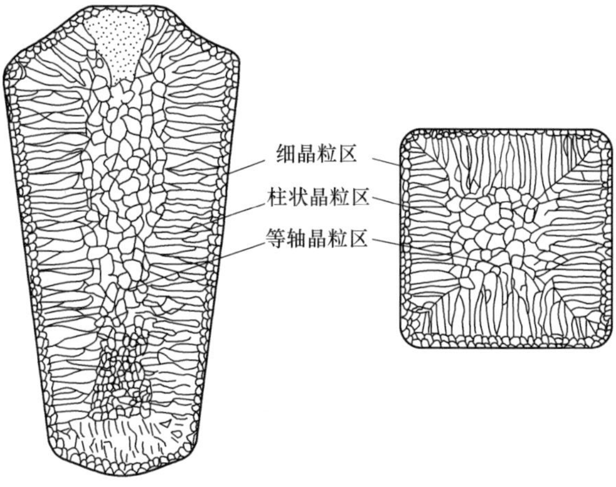

图 3-14　铸锭断面组织结构示意图

如果在金属铸锭凝固过程中，液体金属材料始终维持较大的内、外温差，则柱状晶可以长大到铸锭中心，直到相对长大的两排柱状晶粒相遇为止，这种情况称为穿晶。

在柱状晶粒区，两排柱状晶粒相遇的接合面上存在着脆弱区，此区域常有低熔点杂质及非金属夹杂物积聚，使金属材料的强度和塑性降低。这种组织在锻造和轧制时容易使金属材料沿接合面开裂，所以生产上经常采用振动浇注或变质处理方法来抑制柱状晶粒的扩展。但对于熔点低、不含易熔杂质、具有良好塑性的非铁金属材料，如铝、铜等，即使铸锭全部为柱状晶粒区，也能顺利进行热轧、热锻等压力加工。

三、等轴晶粒区

随着柱状晶粒发展到一定程度，液态金属向外散热的速度越来越慢，这时散热的方向性也不明显，而且锭模中心区域的液态金属温度逐渐降低而趋于均匀，同时由于种种原因（如液态金属的流动），可能将一些未熔杂质推至铸锭中心区域或将柱状晶粒的枝晶分枝冲断，漂移到铸锭中心区域，它们都可成为剩余液体的晶核。这些晶核由于在不同方向上的长大速度相同，加之该区域液态金属的过冷度较小，因而形成粗大的等轴晶粒区。等轴晶粒区的组织特点是：晶粒粗大，组织疏松，力学性能较差。

在金属铸锭中，除存在组织不均匀缺点外，还常有缩孔、气泡、偏析、夹杂等缺陷。根据浇注方法不同，金属铸锭分为钢锭模铸锭（简称铸锭）和连续铸锭。连续铸锭是指金属液经连铸机直接生产的铸锭，其组织结构也分三个区，但与铸锭略有不同。

知识点二　定向结晶和单晶制备原理

定向结晶是通过控制冷却方式，使铸件沿轴向形成一定的温度梯度，从而可使铸件从一端开始凝固，并按一定方向逐步向另一端结晶的过程。目前，已用这种方法生产出整个制件都是由同一方向的柱状晶粒所构成的涡轮叶片。柱状晶粒区比较致密，并且沿着晶柱的方向和垂直于晶柱的方向在性能上有较大差别。沿晶柱方向的性能较好，而叶片工作时恰恰是沿这个方向承受较大载荷，因此这样的叶片具有良好的使用性能。例如，结晶成等轴晶粒的叶片，其工作温度最高可达880℃，而采用定向结晶技术生产的柱状晶粒叶片的工作温度可达930℃。

单晶是其原子都按一个规律和一致的位向排列的晶体，如单晶硅和单晶锗。单晶体制备的基本原理就是使液体结晶时只形成一个晶核，再由这个晶核提拉成整块晶体（称为拉晶）。生产拉晶的方法之一是将金属装入一个带尖头的容器中熔化，然后将容器从炉中缓慢拉出，容器的尖头首先移出炉外缓慢冷却，于是尖头部分产生一个晶核，在容器继续向炉外移动时，便由这一晶粒逐渐长成一个单晶。

单晶体具有高强度和各向异性特性。如果把一些重要的零件做成一个单晶，如把飞机发动机的叶片凝固成一个单晶体，则其工作温度可达970℃。

模块七　金属材料塑性变形与再结晶

塑性是金属材料的重要特性。金属材料压力加工（又称塑性加工）就是利用塑性，通过轧制、锻压、挤压、冲压、拉拔等成形工艺，使金属材料产生一定的塑性变形而获得所需要的工件。因此，研究金属材料塑性变形后的组织结构，对于了解金属材料的力学性能，发挥材料的潜力具有重要意义。

知识点一　金属材料塑性变形

金属材料在外力作用下将产生变形，其变形过程包括弹性变形和塑性变形两个阶段。其中只有塑性变形才能用于成形加工。金属材料的塑性变形与变形抗力有密切关系，塑性越好，变形抗力越小，则金属材料越容易进行塑性变形加工。塑性变形会对金属材料的组织和性能产生较大影响，因此，了解金属材料的塑性变形规律，对于掌握金属材料压力加工的基本原理具有重要意义。

一、塑性变形实质

实验证明，晶体只有受到切应力时才会产生塑性变形。如图3-15所示，单晶体塑性变形时，在切应力作用下，晶体内部上、下两部分原子会沿着某一特定的晶面产生相对移动，这种现象称为滑移。实际上滑移是由于切应力引起晶体内部位错运动产生的。单晶体的变形方式有滑移和孪晶两种。

多晶体是由许多微小的单个晶粒杂乱组合而成的，其塑性变形过程可以看成是许多单个晶粒塑性变形的总和。另外，多晶体塑性变形还存在着晶粒与晶粒之间的滑移和转动，即晶间变形，如图3-16所示。对于多晶体，其塑性变形以晶内变形为主，晶间变形很小。由于多晶体晶界处原子排列紊乱，各个晶粒的位向不同，使晶界处的位错运动较难进行，所以晶粒越细，晶界面积越大，塑性变形抗力就越大，宏观上表现出金属材料的强度也越高。另外，晶粒越细，金属材料塑性变形可更好地分散在大多数晶粒内进行，应力集中现象较小，塑性和韧性越好，金属材料塑性变形能力也越好。因此，生产中都尽最大可能获得细晶粒组织。

多晶体塑性变形总是一批一批的晶粒逐步进行，开始由少量晶粒进行塑性变形，然后逐

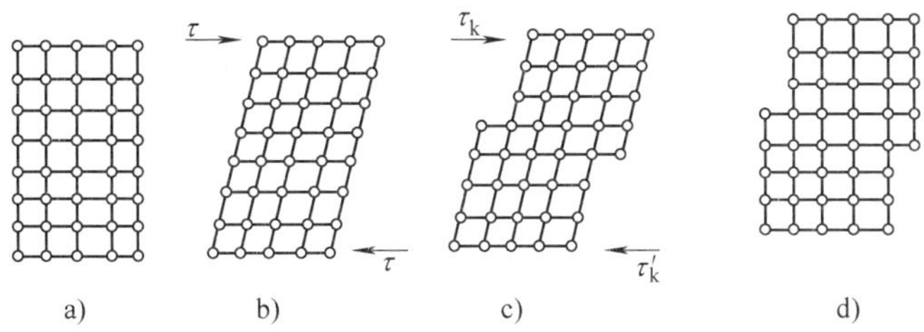

图 3-15　单晶体滑移塑性变形过程示意图

a）未变形　b）弹性变形　c）弹、塑性变形　d）塑性变形后

步扩大到大量晶粒进行塑性变形，由不均匀变形逐步过渡到比较均匀变形，并且多晶体塑性变形过程要比单晶体塑性变形过程复杂得多。

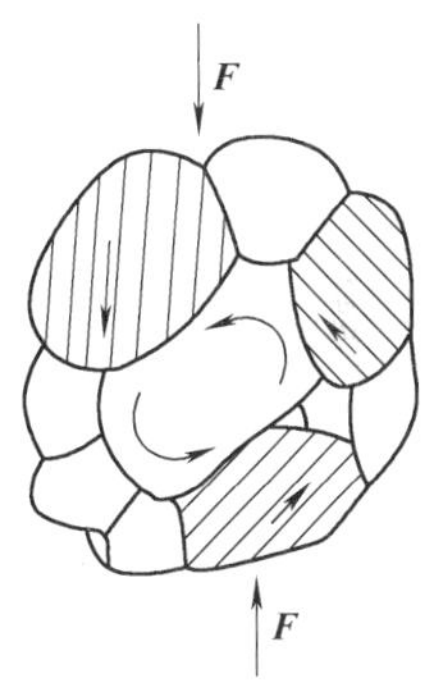

图 3-16　多晶体塑性变形示意图

总之，金属材料塑性变形过程实质上是位错沿着滑移面的运动过程。在滑移过程中，一部分旧的位错消失，但又产生大量新的位错，总的位错数量是增加的。大量位错运动的宏观结果就是金属材料的塑性变形。位错运动观点认为，晶体缺陷及位错相互纠缠会阻碍位错运动，导致金属材料强化，即产生冷变形强化现象。

二、冷变形强化

随着金属材料冷变形程度的增加，金属材料的强度和硬度都有所提高，但塑性有所下降，这种现象称为冷变形强化。塑性变形后金属材料的晶格严重畸变，变形金属材料的晶粒被压扁或拉长，形成纤维组织，如图 3-17 所示。此时金属材料的位错密度提高，变形阻力加大。低碳钢塑性变形时力学性能的变化规律如图 3-18 所示，从图中可以看出，强度、硬度随变形程度的增大而增加，塑性、韧性则明显下降。冷变形强化使金属材料继续进行压力加工的性能恶化。

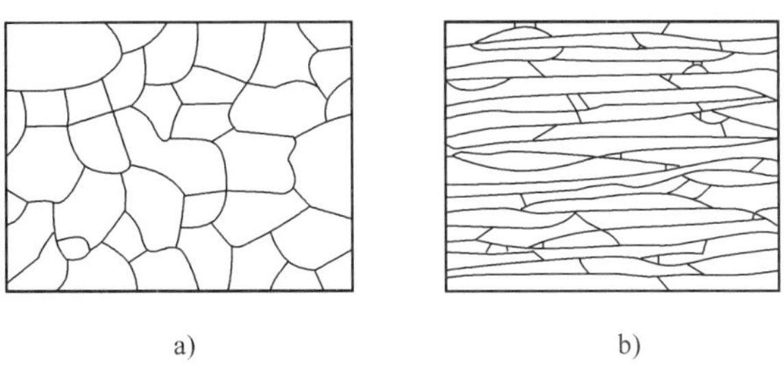

图 3-17　金属冷轧前后其多晶体晶粒形状的变化

a）冷变形前的组织　b）冷变形后的纤维组织

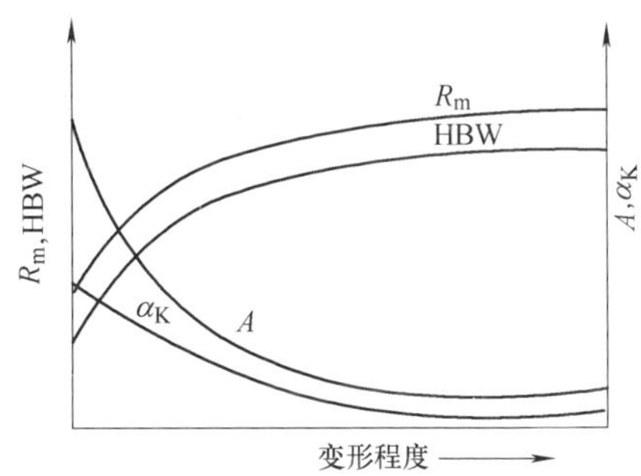

图 3-18　低碳钢塑性变形时力学性能的变化规律

知识点二　回复、再结晶和晶粒长大

金属材料经过冷塑性变形后，由于晶体被拉长、压扁，位错密度增大，晶格严重畸变，

晶格内部储存着较高的能量，此时其组织处于不稳定状态。但在室温下，金属原子活动能力较小，不易扩散，这种不稳定现象可以维持相当时间而不发生明显变化。如果对冷变形金属材料进行加热，则可提高原子的活动能力，促进这种不稳定状态发生转化，导致冷变形金属材料相继发生回复、再结晶和晶粒长大三个阶段的变化，如图3-19所示。

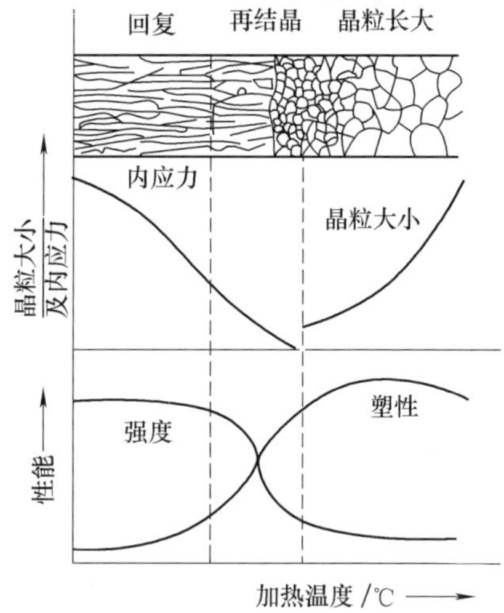

图3-19　变形金属材料加热时组织与性能的变化规律

一、回复

将冷变形后的金属材料加热至一定温度后，使部分原子回复到平衡位置，晶粒内残余应力会大大减少，但不改变晶粒形状的现象，称为回复。冷拔弹簧钢丝绕制成弹簧后常进行低温退火（也称定形处理），其实质就是利用回复保持冷拔钢丝的高强度，同时消除冷卷弹簧过程中产生的内应力。

二、再结晶

当加热温度较高时，金属材料中被拉长的、压扁的、破碎的晶粒会重新生核，变为细小、均匀等轴晶粒的过程称为再结晶。再结晶过程包括新晶粒形核及晶核长大两个过程。再结晶不是一个相变过程，没有恒定的转变温度，没有发生晶格类型变化。冷变形金属材料经过再结晶后，金属材料的强度和硬度会显著降低，而塑性和韧性会大幅度提高，所有力学性能和物理性能全部恢复到冷变形以前的状态，即内应力和冷变形强化现象消除，恢复了冷变形金属的变形能力。

再结晶是在一定的温度范围内进行的，开始产生再结晶现象的最低温度称为再结晶温度。纯金属的再结晶温度为

$$T_{再} \approx 0.4T_{熔}$$

式中　$T_{再}$——纯金属以热力学温度表示的再结晶温度，单位为K。

$T_{熔}$——纯金属以热力学温度表示的熔点，单位为K。

合金中的合金元素会使再结晶温度显著提高。在常温下经过塑性变形的金属材料，加热到再结晶温度以上，使其发生再结晶的处理称为再结晶退火。再结晶退火可以消除金属材料的冷变形强化，提高其塑性，有利于其继续进行压力加工。例如，金属材料在冷轧、冷拉、冷冲压过程中，常在各工序中穿插再结晶退火。

三、晶粒长大

已形成纤维组织的金属材料，通过再结晶一般都能得到细小而均匀的等轴晶粒。但是由于细小晶粒具有较大的表面积和表面能，具有自发地向减少表面积和表面能方向转化的特点，因此如果加热温度过高或加热时间过长，则小晶粒会明显长大，成为粗晶粒组织，使金属材料的强度、塑性和韧性变差，从而使金属材料的压力加工性能变差。

【拓展知识】

冷加工与热加工的界限

从金属学观点来说，划分冷加工与热加工的界限是再结晶温度。在再结晶温度以上进行的塑性变形属于热加工；而在再结晶温度以下进行的塑性变形称为冷加工。显然，冷加工与热加工并不是以具体的加工温度的高低来区分的。例如，金属钨（W）的最低再结晶温度约为1200℃，所以钨即使是在稍低于1200℃的高温下进行塑性变形仍属于冷加工；而锡（Sn）的最低再结晶温度约为－7℃，铅（Pb）的最低再结晶温度约为－33℃，所以锡和铅即使是在室温下进行塑性变形却仍属于热加工。

在冷加工过程中，由于金属会产生冷变形强化现象，所以金属的可锻性趋于恶化。可锻性是指金属在锻压加工过程中产生塑性变形而不开裂的能力。在热加工过程中，由于同时进行着再结晶软化过程，金属的可锻性较好，因此金属能够顺利地进行大量的塑性变形，从而实现各种成形加工。

模块八　金属材料焊接接头组织

焊缝是焊件经焊接后所形成的结合部分。在焊接过程中，当焊条沿焊缝方向移动时，熔池中的液态金属会很快凝固成焊缝。在与焊缝相邻的两侧局部区域内，焊件受热（未熔化）会发生组织与性能的变化，这部分区域称为热影响区。熔焊焊缝与母材的交界线称为熔合线。熔合线两侧有一个很窄的焊缝到热影响区的过渡区域，称为熔合区或半熔化区。焊缝、熔合区和热影响区共同组成金属材料的熔焊接头，如图3-20所示。

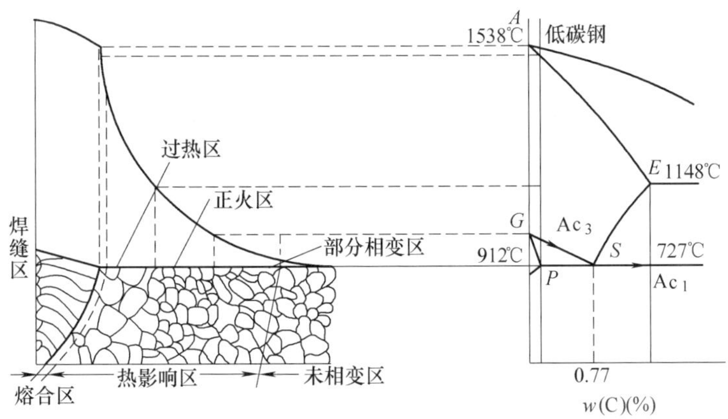

图3-20　低碳钢熔焊接头组织示意图

知识点一　焊　　缝

焊缝组织是由熔池金属结晶后得到的铸态组织。熔池中金属的结晶一般从液固交界的熔合线上开始，晶核从熔合线向两侧和熔池中心长大。由于晶核向熔合线两侧生长受到相邻晶体的阻挡，所以晶核主要向熔池中心长大，这样就使焊缝金属获得柱状晶粒组织。由于熔池较小，熔池中的液态冷却较快，所以柱状晶粒并不粗大。焊件通过焊缝实现连接，同时由于焊条中含有合金元素，因此可以保证焊缝金属的力学性能与母材相近。

知识点二　熔　合　区

熔合区在焊接过程中始终处于半熔化状态，该区域晶粒粗大，塑性和韧性很差，化学成分不均匀，容易产生裂纹，是焊接接头组织中力学性能最差的区域。熔合区的宽度仅有1~4mm，但对焊接接头的性能影响很大。

知识点三　热影响区

如图3-20所示，在热影响区由于温度分布不均匀，可以将低碳钢熔焊接头的热影响区分为过热区、正火区和部分相变区。

一、过热区

过热区是指热影响区中热影响温度接近于*AE*线，冷却后具有粗大组织的区域。过热区的塑性和韧性最差，容易产生焊接裂纹，是焊接接头组织中最薄弱的区域。

二、正火区

正火区是指热影响区中，热影响温度接近于Ac_3线，具有正火组织的区域。该区域的组织冷却后获得细小均匀的铁素体和珠光体组织。正火区组织的性能较好，优于母材，是焊接接头组织中性能最好的区域。

三、部分相变区

部分相变区是指热影响区中热影响温度处于Ac_1~Ac_3线的区域，是部分组织发生相变的区域。该区域的组织冷却后得到细小铁素体和珠光体组织，但组织不均匀，力学性能较差。

【综合训练】

一、名词解释

1. 晶体　2. 晶格　3. 晶胞　4. 单晶体　5. 多晶体　6. 晶界　7. 晶粒　8. 结晶　9. 变质处理　10. 组元　11. 相　12. 组织　13. 定向结晶　14. 滑移　15. 焊缝

二、填空题

1. 晶体具有固定的________、几何外形和________特征。
2. 金属晶格的基本类型有________、________与________三种。
3. 实际金属的晶体缺陷有________、________、________三类。
4. 金属的结晶过程是一个________和________的过程。
5. 金属结晶的必要条件是________，金属的实际结晶温度________是一个恒定值。

6. 金属结晶时________越大，过冷度越大，金属的________温度越低。

7. 金属的晶粒越细小，其强度、硬度________，塑性、韧性________。

8. 合金中的相结构可分为________、________和________三种类型。

9. 根据溶质原子在溶剂晶格中所占据的位置不同，固溶体可分为________和________两类。

10. 大多数固溶体只能有限固溶，且溶质在固溶体中的溶解度随着温度的升高而________。

11. 在金属铸锭中，除存在组织不均匀缺点外，还常有________、________、________及________等缺陷。

12. 金属铸锭分为________和________。

13. 单晶体的变形方式有________和________两种。

14. 低碳钢熔焊接头的热影响区分为________区、________区和________区。

三、判断题

1. 纯铁在780℃时为面心立方结构的γ－Fe。（　　）

2. 实际金属的晶体结构不仅是多晶体，而且还存在着多种缺陷。（　　）

3. 纯金属的结晶过程是一个恒温过程。（　　）

4. 固溶体的晶格仍然保持溶剂的晶格。（　　）

5. 间隙固溶体只能为有限固溶体，置换固溶体可以是无限固溶体。（　　）

6. 金属铸锭中其柱状晶粒区的出现主要是因为金属铸锭受垂直于模壁散热方向的影响。（　　）

7. 单晶体在性能上没有明显的方向性。（　　）

8. 再结晶是一个相变过程，有恒定的转变温度，发生晶格类型变化。（　　）

9. 冷变形金属经过再结晶后，金属的强度、硬度显著降低，而塑性和韧性大大提高，所有力学性能和物理性能全部恢复到冷变形以前的状态。（　　）

10. 熔合区在焊接过程中始终处于半熔化状态，该区域晶粒粗大，塑性和韧性很差，化学成分不均匀，容易产生裂纹，是焊接接头组织中力学性能最差的区域。（　　）

四、简答题

1. 常见的金属晶格类型有哪几种？试绘图说明。

2. 实际金属晶体中存在哪些晶体缺陷？对性能有何影响？

3. 什么是过冷现象和过冷度？过冷度与冷却速度有什么关系？

4. 金属的结晶是怎样进行的？

5. 金属在结晶时，控制晶粒大小的方法有哪些？

6. 何为金属的同素异构转变？试画出纯铁的结晶冷却曲线和晶体结构变化图。

7. 什么是金属化合物？其结构特点和性能特点有哪些？

8. 与纯金属结晶过程相比，合金的结晶过程有何特点？

9. 金属铸锭呈现几个不同的晶粒区？各区有何特点？

10. 什么是冷变形强化？金属经过冷变形后，其组织和性能会发生哪些变化？

五、研讨与交流

通过学习与查阅资料，相互探讨一下材料的宏观表现与其微观结构的关系。

第四单元 铁碳合金相图

【学习目标】

本单元主要介绍铁碳合金的基本组织、相图及其应用等内容。在学习过程中，第一，要了解铁碳合金基本组织的特征和性能，并且能结合第三单元的晶体结构知识进行分析对比；第二，要了解铁碳合金相图各个区间的组织组成和特征，尤其是在室温时的6个典型的组织特征一定要熟记，做到举一反三；第三，要理解铁碳合金共晶转变和共析转变的实质和条件，尤其是转变温度和化学成分要熟记；第四，要了解铁碳合金的化学成分、组织状态和性能之间的定性关系。

模块一 铁碳合金的基本组织

铁和碳组成的合金称为铁碳合金，如钢和铸铁都是铁碳合金。要了解各类钢和铸铁的组织、性能以及成形加工方法等，首先要了解铁碳合金的化学成分、组织与性能之间的相互关系。铁碳合金相图就是研究铁碳合金组织、化学成分和温度之间相互关系的重要图形，了解它对于制订钢铁材料的铸造工艺、压力加工工艺、焊接工艺、热处理工艺以及选材等有着重要的指导作用。

铁碳合金在固态下的基本组织有铁素体、奥氏体、渗碳体、珠光体和莱氏体。

知识点一 铁素体（F）

铁素体是指 $\alpha-Fe$ 或其内固溶有一种或数种其他元素所形成的、晶体点阵为体心立方的固溶体，用符号F（或α）表示。由于碳原子较小，所以，在 $\alpha-Fe$ 中碳处于间隙位置，如图4-1所示。由于铁素体的溶碳量很小，在727℃时其溶碳量达最大值（$w(C)=0.0218\%$），随着温度的下降，其溶碳量逐渐减少，所以铁素体的性能几乎与纯铁相同，即强度和硬度（$R_m=180\sim280MPa$，$50\sim80HBW$）较低，而塑性和韧性（$A_{11.3}=30\%\sim50\%$，$KU=128\sim160J$）较高。

由于晶界容易腐蚀，并呈现不规则的黑色线条，所以在金相显微镜下观察时，铁素体呈明亮的多边形晶粒，如图4-2所示。

铁素体在770℃时（居里点）有磁性转变，在770℃以下具有铁磁性，在770℃以上则失去铁磁性。

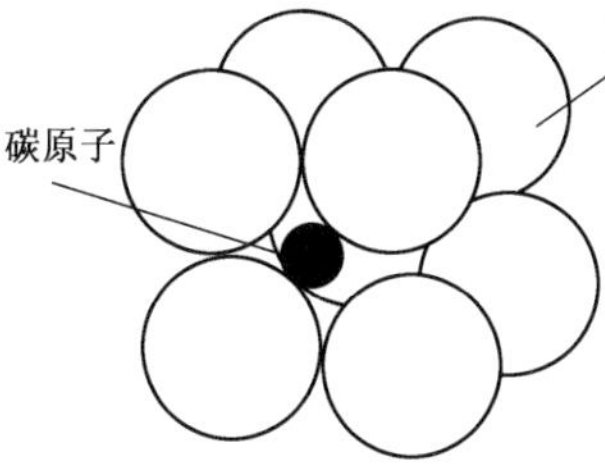

图 4-1 铁素体晶胞示意图

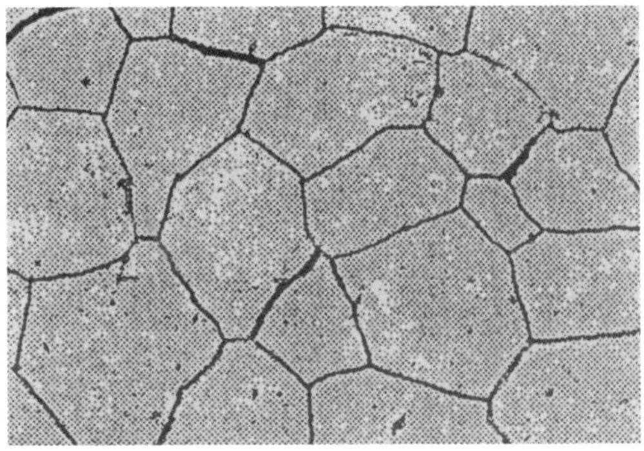

图 4-2 铁素体的金相显微组织

知识点二 奥氏体（A）

奥氏体是指 γ－Fe 内固溶有碳和（或）其他元素所形成的晶体点阵为面心立方的固溶体，常用符号 A（或 γ）表示。奥氏体仍保持 γ－Fe 的面心立方晶格，碳在 γ－Fe 中的位置如图 4-3 所示。奥氏体溶碳能力较大，在 1148℃时其溶碳量达最大值 [$w(C)=2.11\%$]，随着温度下降其溶碳量逐渐减少，在 727℃时其溶碳量为$w(C)=0.77\%$。

奥氏体具有一定的强度和硬度，塑性（$R_m\approx400$MPa，160～220HBW，$A_{11.3}\approx40\%$～50%）好，在机械制造中，大多数钢材要加热至高温奥氏体状态进行塑性变形加工。在金相显微镜下观察，奥氏体的显微组织呈多边形晶粒状态，但晶界比铁素体的晶界平直些，并且晶粒内常出现孪晶组织，如图 4-4 所示晶粒内的平行线。

应该指出的是：稳定的奥氏体属于铁碳合金的高温组织，当铁碳合金缓慢冷却到 727℃时，奥氏体将发生转变，转变为其他类型的组织。奥氏体是非铁磁性相。

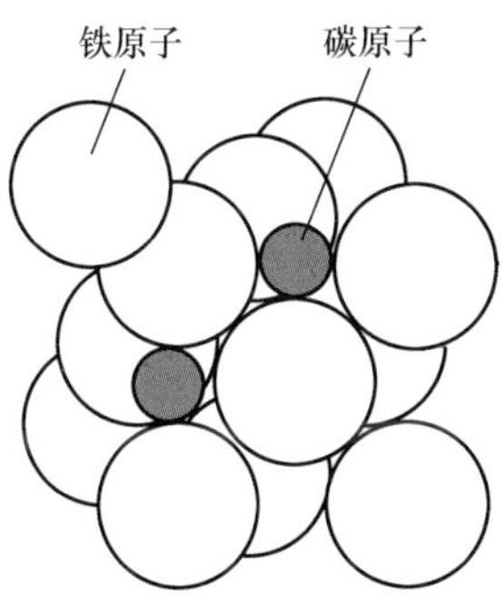

图 4-3 奥氏体的晶胞示意图

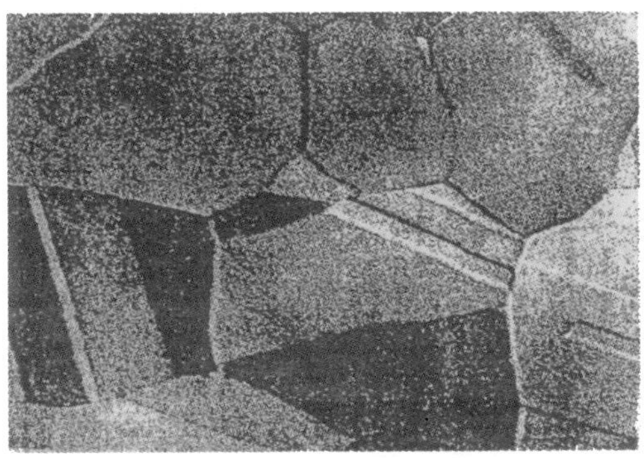

图 4-4 奥氏体的金相显微组织

知识点三 渗碳体（Fe_3C）

渗碳体是铁和碳的金属化合物，具有复杂的晶体结构，用化学式 Fe_3C 表示。渗碳体的晶格形式与碳和铁都不一样，是复杂的晶格类型，如图 4-5 所示。渗碳体碳的质量分数是 6.69%，熔点为 1227℃。渗碳体的结构较复杂，其硬度高，脆性大，塑性与韧性极低。渗碳体在钢和铸铁中与其他相共存时呈片状、球状、网状。

渗碳体不发生同素异构转变，有磁性转变，在 230℃以下具有弱铁磁性，而在 230℃以上则失去磁性。渗碳体是碳在铁碳合金中的主要存在形式，是亚稳定的金属化合物，在一定条件下，渗碳体可分解成石墨，这一过程对于铸铁的生产具有重要意义。

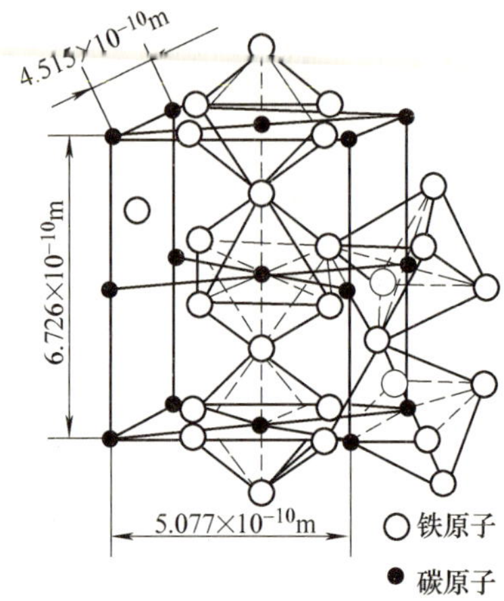

图 4-5　渗碳体的晶体示意图

知识点四　珠光体（P）

珠光体是指奥氏体从高温缓慢冷却时发生共析转变形成的，其显微组织特征为铁素体薄层和渗碳体薄层交替重叠的层状复相组织。由于珠光体的显微组织形态酷似珍珠贝母外壳形纹，故称之为珠光体组织，如图 4-6 所示。珠光体是铁素体（软）和渗碳体（硬）组成的机械混合物，常用符号 P 表示。在珠光体中，铁素体和渗碳体仍保持各自原有的晶格类型。珠光体碳的质量分数平均为 0.77%。珠光体的性能介于铁素体和渗碳体之间，有一定的强度（$R_m \approx 770\text{MPa}$），硬度（180HBW 左右）适中，塑性与韧性（$A_{11.3} \approx 20\% \sim 35\%$，$KU = 24 \sim 32\text{J}$）较好，是一种综合力学性能较好的组织。

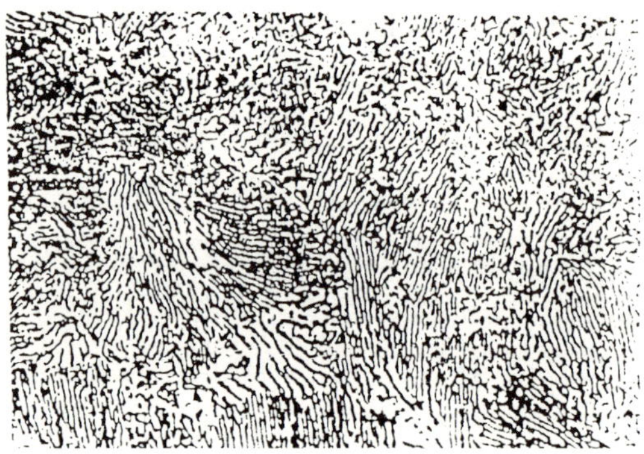

图 4-6　共析钢中珠光体的金相显微组织

知识点五　莱氏体（Ld）

莱氏体是指高碳的铁基合金在凝固过程中发生共晶转变所形成的奥氏体和渗碳体所组成的共晶体，其碳的质量分数为 4.3%。$w(\text{C}) > 2.11\%$ 的铁碳合金从液态缓慢冷却至 1148℃时，将同时从液体中结晶出奥氏体和渗碳体的机械混合物。莱氏体用符号 Ld 表示。由于奥氏体在 727℃时转变为珠光体，所以在室温时莱氏体由珠光体和渗碳体所组成。为了区别起见，将 727℃以上存在的莱氏体称为高温莱氏体（Ld）；将 727℃以下存在的莱氏体称为低温莱氏体（Ld′）或称变态莱氏体。

莱氏体的性能与渗碳体相似，硬度高，塑性很差，脆性大。莱氏体的显微组织可以看成是在渗碳体的基体上分布着颗粒状的奥氏体（或珠光体）。

模块二 铁碳合金相图

知识点一 铁碳合金相图

铁碳合金相图是铁碳合金在极缓慢冷却（或加热）条件下，不同化学成分的铁碳合金，在不同温度下所具有的组织状态的图形。碳的质量分数$w(C)>5\%$的铁碳合金，尤其当碳的质量分数增加到6.69%时，铁碳合金几乎全部变为化合物Fe_3C。这种化学成分的铁碳合金硬而脆，机械加工困难，在机械制造方面上很少应用。所以，在研究铁碳合金相图时，只需研究$w(C)\leqslant 6.69\%$的这部分。而$w(C)=6.69\%$时，铁碳合金全部为亚稳定的Fe_3C，因此Fe_3C就可看成是铁碳合金的一个组元。实际上，研究铁碳合金相图就是研究$Fe-Fe_3C$相图，如图4-7所示。

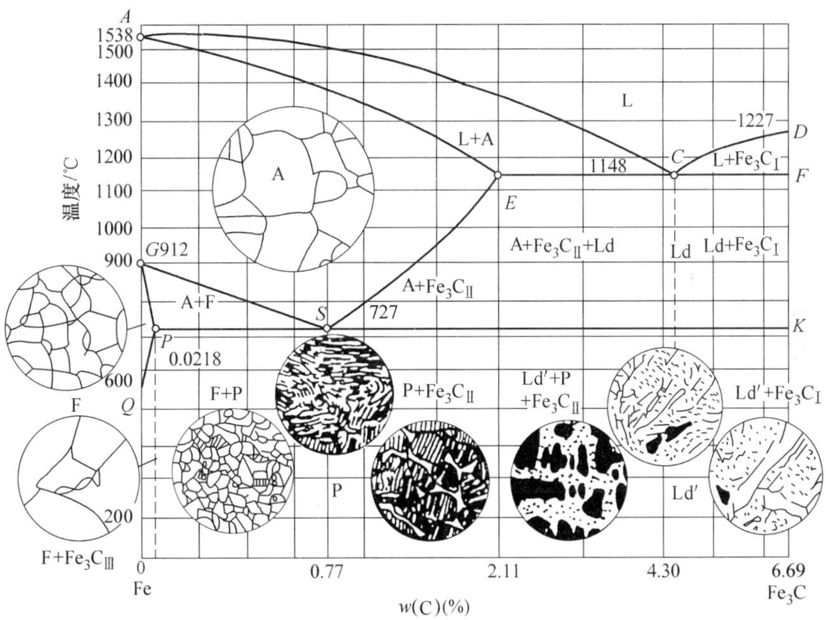

图 4-7 简化后的 $Fe-Fe_3C$ 相图

一、铁碳合金相图中的特性点

铁碳合金相图中的主要特性点的温度、碳的质量分数及其含义见表4-1。

表 4-1 铁碳合金相图中的特性点

特性点	温度/℃	$w(C)$（%）	特性点的含义
A	1538	0	纯铁的熔点或结晶温度
C	1148	4.3	共晶点，发生共晶转变 $L_{4.3}\rightleftharpoons A_{2.11}+Fe_3C$
D	1227	6.69	渗碳体的熔点
E	1148	2.11	碳在 $\gamma-Fe$ 中的最大溶碳量，也是钢与生铁的成分分界点
F	1148	6.69	共晶渗碳体的成分点
G	912	0	$\alpha-Fe\rightleftharpoons\gamma-Fe$ 同素异构转变点
S	727	0.77	共析点，发生共析转变 $A_{0.77}\rightleftharpoons F_{0.0218}+Fe_3C$
P	727	0.0218	碳在 $\alpha-Fe$ 中的最大溶碳量

二、铁碳合金相图中的主要特性线

1. 液相线 *ACD*

在液相线 *ACD* 以上区域，铁碳合金处于液态（L），冷却下来时碳的质量分数$w(\mathrm{C}) \leq$ 4.3%的铁碳合金在 *AC* 线开始结晶出奥氏体（A），碳的质量分数$w(\mathrm{C})>4.3\%$的铁碳合金在 *CD* 线开始结晶出渗碳体，称一次渗碳体，用 $\mathrm{Fe_3C_I}$ 表示。

2. 固相线 *AECF*

在固相线 *AECF* 以下区域，铁碳合金呈固态（S）。

3. 共晶线 *ECF*

ECF 线是一条水平（恒温）线，称为共晶线。在此线以上，液态铁碳合金将发生共晶转变，其反应式为

$$\mathrm{L_{4.3}} \xrightleftharpoons{1148℃} \mathrm{A_{2.11}} + \mathrm{Fe_3C_{6.69}}$$

共晶转变形成了奥氏体与渗碳体的机械混合物，称为莱氏体（Ld）。碳的质量分数$w(\mathrm{C})=2.11\% \sim 6.69\%$的铁碳合金均会发生共晶转变。

4. 共析线 *PSK*

PSK 线也是一条水平（恒温）线，称为共析线，通常称为 $\mathrm{A_1}$ 线。在此线上，固态奥氏体将发生共析转变，其反应式为

$$\mathrm{A_{0.77}} \xrightleftharpoons{727℃} \mathrm{F_{0.0218}} + \mathrm{Fe_3C_{6.69}}$$

共析转变的产物是铁素体与渗碳体的机械混合物，称为珠光体（P）。碳的质量分数$w(\mathrm{C})>0.0218\%$的铁碳合金均会发生共析转变。

5. *GS* 线

GS 线表示铁碳合金冷却时由奥氏体组织中析出铁素体组织的开始线，通常称为 $\mathrm{A_3}$ 线。

6. *ES* 线

ES 线是碳在奥氏体中溶解度变化曲线，通常称为 $\mathrm{A_{cm}}$线。它表示铁碳合金随着温度的降低，奥氏体中碳的质量分数沿着此线逐渐减少，多余的碳以渗碳体形式析出，称为二次渗碳体，用 $\mathrm{Fe_3C_{II}}$ 表示，以区别于从液态铁碳合金中直接结晶出来的 $\mathrm{Fe_3C_I}$。

7. *GP* 线

GP 线为铁碳合金冷却时奥氏体组织转变为铁素体的终了线或者加热时铁素体转变为奥氏体的开始线。

8. *PQ* 线

PQ 线是碳在铁素体中的溶解度变化曲线，它表示铁碳合金随着温度的降低，铁素体中碳的质量分数沿着此线逐渐减少，多余的碳以渗碳体形式析出，其称为三次渗碳体，用 $\mathrm{Fe_3C_{III}}$表示。由于 $\mathrm{Fe_3C_{III}}$数量极少，在一般钢中影响不大，故可忽略。

铁碳合金相图的特性线及其含义归纳于表4-2中。

表 4-2 铁碳合金相图中的特性线

特性线	特 性 线 含 义
ACD	液相线
AECF	固相线
GS	冷却时从奥氏体组织中析出铁素体的开始线，用 A_3 表示
ES	碳在 γ－Fe 中的溶解度曲线，常用 A_{cm} 表示
ECF	共晶线，$L_{4.3} \rightleftharpoons A_{2.11} + Fe_3C$
PSK	共析线，$A_{0.77} \rightleftharpoons F_{0.0218} + Fe_3C$，常用 A_1 表示
GP	冷却时从奥氏体组织中转变为铁素体的终了线
PQ	碳在 α－Fe 中的溶解度曲线

三、铁碳合金相图中的相区

铁碳合金相图中各主要相区及其组织组成物见表 4-3。

表 4-3 铁碳合金相图中各主要相区及其组织组成物

范围	组织	相区
ACD 线以上	L	单相区
AESGA	A	单相区
AECA	L＋A	两相区
DFCD	$L + Fe_3C_I$	两相区
GSPG	A＋F	两相区
ESKF	$A + Fe_3C$	两相区
PSK 以下	$F + Fe_3C$	两相区

【快速记忆铁碳合金相图的技巧】

记忆铁碳合金相图比较难，同学们可按下列口诀记忆和绘制铁碳合金相图：天边两条水平线 *ECF* 和 *PSK*（一高、一低；一长、一短），飞来两只雁 *ACD* 和 *GSE*（一高、一低；一大、一小），雁前两条彩虹线 *AE* 和 *GP*（一高、一低；一长、一短），小雁画了一条月牙线 *PQ*。

知识点二 铁碳合金的分类

铁碳合金相图中的各种合金，按其碳的质量分数和室温平衡组织的不同，一般分为工业纯铁、钢、白口铸铁（生铁）三类，见表 4-4。

表 4-4 铁碳合金的分类

合金类别	工业纯铁	钢			白口铸铁		
		亚共析钢	共析钢	过共析钢	亚共晶白口铸铁	共晶白口铸铁	过共晶白口铸铁
$w(C)$	$w(C) \leq 0.0218\%$	$0.0218\% < w(C) \leq 2.11\%$			$2.11\% < w(C) < 6.69\%$		
		$<0.77\%$	0.77%	$>0.77\%$	$<4.3\%$	4.3%	$>4.3\%$
室温组织	F	F＋P	P	$P + Fe_3C_{II}$	$Ld' + P + Fe_3C_{II}$	Ld'	$Ld' + Fe_3C_I$

工业纯铁、亚共析钢、共析钢（图4-6）、过共析钢、亚共晶白口铸铁、共晶白口铸铁、过共晶白口铸铁的金相显微组织如图4-8所示。

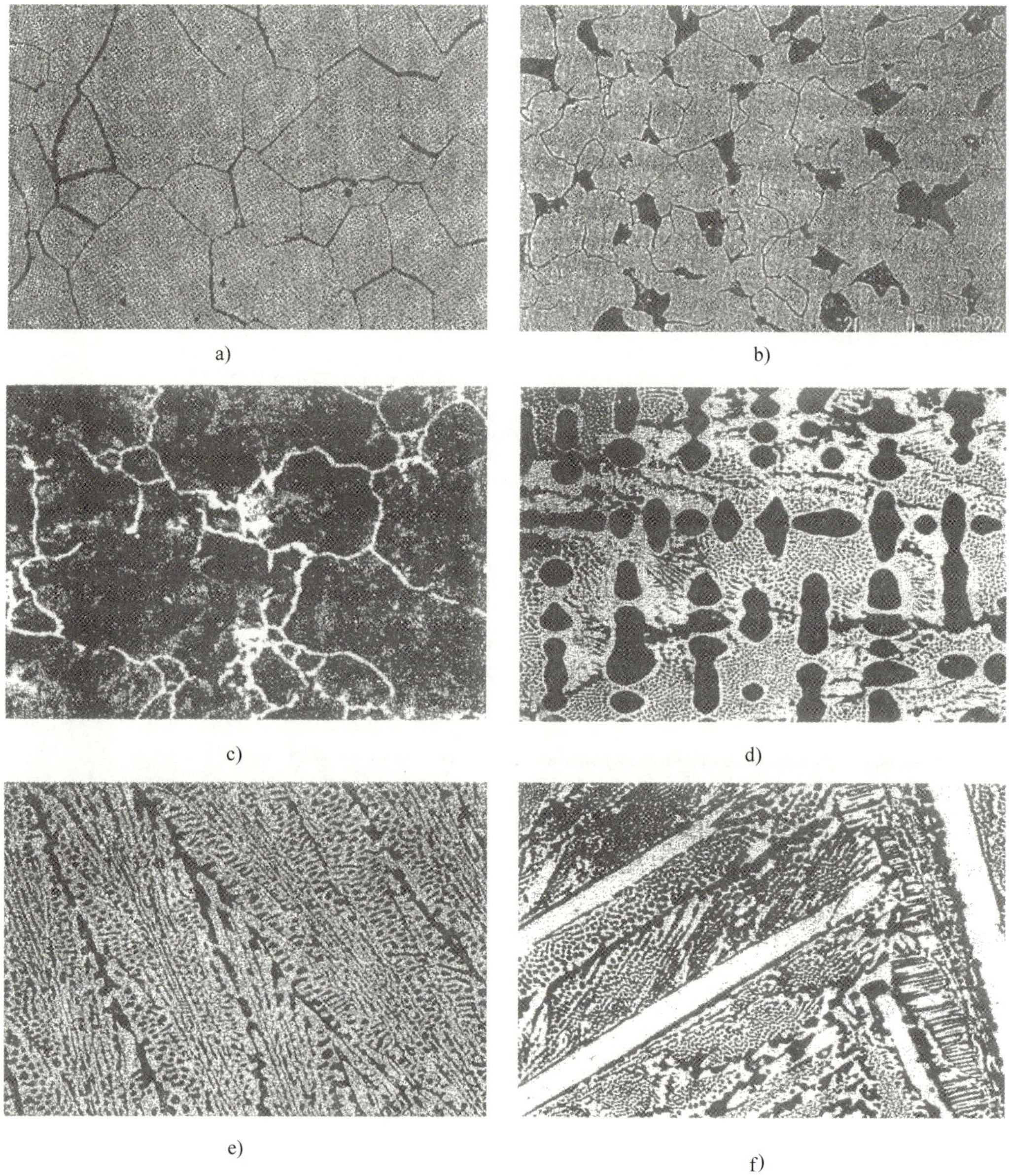

图4-8 部分典型铁碳合金的金相显微组织

a）工业纯铁的金相显微组织（铁素体） b）$w(\mathrm{C})=0.2\%$的亚共析钢金相显微组织（铁素体+珠光体）

c）$w(\mathrm{C})=1.2\%$的过共析钢金相显微组织（网状渗碳体+珠光体）

d）亚共晶白口铸铁的金相显微组织（二次渗碳体+珠光体+低温莱氏体）

e）共晶白口铸铁的金相显微组织（低温莱氏体）

f）过共晶白口铸铁的金相显微组织（一次渗碳体+低温莱氏体）

知识点三　碳对铁碳合金组织和性能的影响

碳是决定钢铁材料组织和性能最主要的元素。不同碳的质量分数的铁碳合金在缓慢冷却条件下，其结晶过程及最终得到的室温组织是不相同的，碳的质量分数与室温平衡组织的关系见表4-4。

铁碳合金的平衡组织是由铁素体和渗碳体两相所构成的。其中铁素体是含碳量极少的固溶体，是钢中的软韧相，渗碳体是硬而脆的金属化合物，是钢中的强化相。随着钢中碳的质量分数的不断增加，平衡组织中铁素体的数量不断减少，渗碳体数量不断增多，因此钢的力学性能将发生明显的变化。当碳的质量分数 $w(C)<0.9\%$ 时，随着碳的质量分数的增加，钢的强度和硬度提高，而塑性和韧性降低；当碳的质量分数 $w(C)>0.9\%$ 时，由于 Fe_3C_{II} 的数量随着碳的质量分数的增加而急剧增多，并明显地呈网状分布于奥氏体晶界上，不仅降低了钢的塑性和韧性，而且也降低了钢的强度，如图4-9所示。

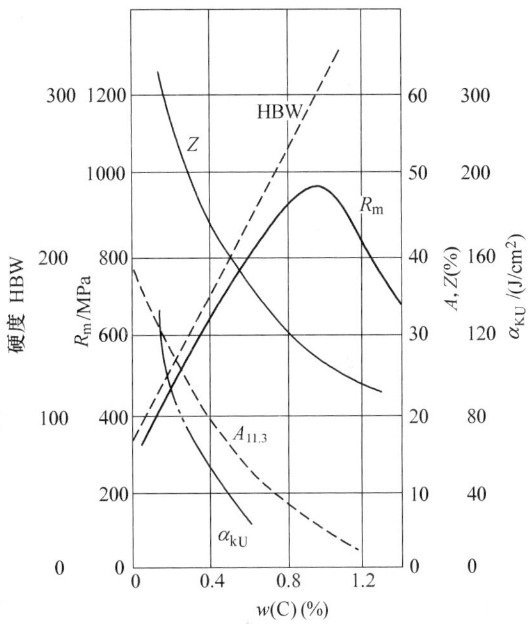

图4-9　碳的质量分数对钢力学性能的影响

知识点四　铁碳合金相图的应用

铁碳合金相图反映了钢铁材料的组织随化学成分和温度变化的规律，因此在机械制造方面，它为选材及制订铸造工艺、压力加工工艺、焊接工艺及热处理工艺等提供了重要的理论依据，如图4-10所示。

一、选材方面的应用

从铁碳合金相图中可以看出，组织与化学成分之间存在着密切的联系，可以由组织定性地判断出钢铁材料的力学性能，并为选材提供理论依据。例如，冲压零件、建筑结构件、捆扎铁丝、螺栓等需要具备良好的塑性和韧性，可以选择 $w(C)<0.25\%$ 的铁碳合金；各种轴、齿轮、销套、连杆等零件需要具备一定的强度、塑性和韧性，可以选择 $w(C)=0.25\%\sim0.65\%$ 的铁碳合金；各种工具、高精度量具、弹性元件、刀具、冲压模具、滚动轴承等需要具备高硬度和高耐磨性，可以选择 $w(C)=0.65\%\sim1.35\%$ 的铁碳合金。

二、铸造方面的应用

从铁碳合金相图中可以发现，共晶体成分的铁碳合金熔点最低，结晶温度范围最小，具有良好的铸造性能。因此，铸造生产中多选用接近共晶体成分的铸铁。根据铁碳合金相图可以确定铸铁的浇注温度，一般在液相线之上50～100℃，铁碳合金的铸造温度范围如图4-10所示。而铸钢（w(C)=0.15%～0.60%）的熔化温度和浇注温度要比铸铁高得多，其铸造性能也比铸铁差，铸造工艺也比较复杂。

三、压力加工方面的应用

从铁碳合金相图中可以看出，钢在高温时处于奥氏体状态。奥氏体组织强度低，塑性好，有利于进行塑性变形（趁热打铁）。因此，钢材的锻造、热轧、挤压等温度均选择在单相奥氏体所在的高温区进行。一般钢材的锻造和热轧温度控制在固相线以下100～200℃。如果始锻温度过高，钢材易发生严重的氧化或奥氏体晶界熔化现象；始锻温度过低，钢材塑性变形能力较低，易发生锻裂或轧裂现象。

对于亚共析钢，其终锻温度控制在*GS*线附近，以免降低钢材的塑性和韧性；对于过共析钢，其终锻温度控制在*PSK*线以上，以便打碎网状析出的二次渗碳体。钢材的终锻（轧）温度不宜太高，否则会使热加工后的组织粗大。一般钢材的始锻（轧）温度是1150～1250℃；终锻（轧）温度是750～850℃。铁碳合金压力加工温度范围如图4-10所示。

四、热处理方面的应用

热处理的工艺过程是在固态下进行的，所发生的相变是固态相变。因此，在制订热处理工艺时，主要应用铁碳合金相图中的左下角部分，所涉及的相变线是*GS*（A_3）线、*ES*（A_{cm}）线和*PSK*（A_1）线。铁碳合金热处理的加热温度要根据其碳的质量分数和铁碳合金相图来确定，具体原理将在第六单元中详细介绍。铁碳合金热处理温度范围如图4-10所示。

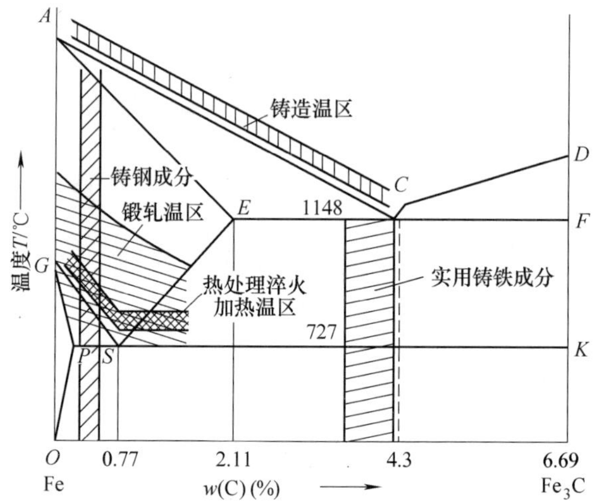

图4-10　铁碳合金相图与热加工工艺规范的关系

五、焊接方面的应用

在钢铁材料焊接过程中，由于焊接热量的影响，从焊缝到母材各个区域的温度是不同的。根据铁碳合金相图可知，不同加热温度的各区域在随后的冷却中可能出现不同的组织转变，相应地产生不同的性能。根据这种现象，可以利用铁碳合金相图，并根据焊件的使用要求，焊后选择相应的热处理工艺，改善焊件的使用性能。

需要说明的是，在实际应用铁碳合金相图时还需考虑其他合金元素、杂质及生产中加热和冷却速度等因素对相图的影响，不能绝对地仅用铁碳合金相图来进行分析，使用时必须借助其他知识和参照有关相图等来进行准确的分析。

小资料　香气不仅能改善人的心情，而且还能有效地缓解人的烦恼、恐惧、愤怒等情绪。以前，人们只是凭输送装置输送香气。那么，能否将香气浸渗到金属中，并使金属在相当长的时间内源源不断地散发清香呢？

令人欣慰的是，这种香味金属已经面世了，且很受消费者青睐。

香味金属的合成工序是：根据具体的用途，选择出不同的金属，添加混合剂、减磨剂后压制成形，然后再放到1200℃左右的高温炉内烧结，这样便获得具有很多孔穴的金属材料。在对这样的金属材料进行表面加工时，再将液态香料压入或浸渗到金属孔穴之中，这样就形成了香味金属。

现在，美、英、法等国已把香味金属应用到火车、汽车等交通工具中，使旅游沿途能感受到清香的熏陶。日本大道钢铁公司已采用一种新技术，利用多孔钢铁制造项链、戒指、耳环、手镯等首饰。多孔钢的结构内可藏放香料，然后借助佩戴者的体温蒸发出香味，从而使香味长伴人体。

【综 合 训 练】

一、名词解释

1. 铁素体　2. 奥氏体　3. 珠光体　4. 莱氏体　5. 渗碳体　6. 铁碳合金相图　7. 低温莱氏体

二、填空题

1. 分别填出下列铁碳合金组织的符号：

奥氏体________；铁素体________；渗碳体________；珠光体________；高温莱氏体________；低温莱氏体________。

2. 珠光体是由________和________组成的机械混合物。

3. 莱氏体是由________和________组成的机械混合物。

4. 奥氏体在1148℃时碳的质量分数可达________，在727℃时碳的质量分数为________。

5. 根据室温组织的不同，钢又分为________析钢，其室温组织为________和________；________析钢，其室温组织为________；________析钢，其室温组织为________和________。

6. 碳的质量分数为________的铁碳合金称为共析钢，当将其加热后冷却到 S 点(727℃)时，它会发生________转变，从奥氏体中同时析出________和________的混合物，此混合物称为________。

7. 奥氏体和渗碳体组成的共晶产物称为________，其碳的质量分数为________。

8. 亚共晶白口铸铁的碳的质量分数为________，其室温组织为________。

9. 亚共析钢的碳的质量分数为________，其室温组织为________。

10. 过共析钢的碳的质量分数为________，其室温组织为________。

11. 过共晶白口铸铁的碳的质量分数为________，其室温组织为________。

三、选择题

1. 铁素体为________晶格，奥氏体为________晶格，渗碳体为________晶格。

A. 体心立方　　B. 面心立方　　C. 密排六方　　D. 复杂的

2. 铁碳合金相图上的 *ES* 线，用代号________表示，*PSK* 线用代号________表示。

A. A_1　　B. A_{cm}　　C. A_3

3. 铁碳合金相图上的共析线是________，共晶线是________。

A. *ECF* 线　　B. *ACD* 线　　C. *PSK* 线

四、判断题

1. 金属化合物的特性是硬而脆，莱氏体的性能也是硬而脆，故莱氏体属于金属化合物。（　）

2. 渗碳体碳的质量分数是6.69%。（　）

3. 在 $Fe\text{-}Fe_3C$ 相图中，A_3 温度是随碳的质量分数的增加而上升的。（　）

4. 碳溶于 α-Fe 中所形成的间隙固溶体，称为奥氏体。（　）

5. 铁素体在770℃（居里点）有磁性转变，在770℃以下具有铁磁性，在770℃以上则失去铁磁性。（　）

五、简答题

1. 简述碳的质量分数为0.4%和1.2%的铁碳合金从液态冷却至室温时的组织变化过程。

2. 把碳的质量分数为0.45%的钢和白口铸铁都加热到高温（1000~1200℃），能否进行锻造？为什么？

六、交流与研讨

1. 针对铁碳合金相图，同学之间互相提问，熟悉铁碳合金相图的各个相区组成。

2. 你能区分生活中遇到的钢件与铸铁件吗？有几种方法可以区分？

第五单元 非合金钢

【学习目标】

本单元主要介绍非合金钢的定义、分类、牌号、性能及其应用等内容。在学习过程中，第一，要了解非合金钢的分类方法和牌号的命名方法，以便为学习后续课程奠定基础，如钢材热处理单元的学习与此内容密切相关；第二，要了解非合金钢的化学成分与组织和性能之间的定性关系，为分析和确定材料的性能和加工工艺建立分析思路；第三，初步了解部分非合金钢在典型零件生产中的应用，为以后零件的选材、制订加工工艺建立感性经验，如简单弹簧零件一般可选用 60 钢、65 钢、70 钢等，一般的轴与齿轮类零件可选用 40 钢、45 钢等。

钢材按化学成分可分为非合金钢、低合金钢和合金钢三大类。其中非合金钢是指以铁为主要元素，碳的质量分数一般在 2.11% 以下并含有少量其他元素的金属材料。非合金钢具有价格低、工艺性能好、力学性能一般能满足使用要求的优点，是工业生产中用量较大的金属材料。实际生产中使用的非合金钢除含有碳元素外，还含有少量的硅、锰、硫、磷、氢等元素。硅和锰是在钢材冶炼过程中由于加入脱氧剂而残余下来的，而硫、磷、氢等则是从炼钢原料或大气中带入的。这些元素的存在对于钢材的组织和性能都有一定的影响，通称其为杂质元素。

模块一 杂质元素对钢材性能的影响

知识点一 硅的影响

硅是作为脱氧剂带进钢材中的。硅的脱氧作用比锰强，可以防止钢材中形成 FeO，改善钢材的冶炼质量；硅能溶于铁素体中，并使铁素体强化，从而提高钢材的强度、硬度和弹性，但硅元素降低了钢材的塑性和韧性。一般来说，钢材中的硅是有益元素，而且硅的质量分数一般不超过 0.5%。

知识点二 锰的影响

锰是炼钢时用锰铁脱氧后残留在钢材中的杂质元素。锰具有一定的脱氧能力，能把钢材中的 FeO 还原成铁，改善钢材的冶炼质量；锰还可以与硫化合成 MnS，以减轻硫的有害作用，降低钢材的脆性，改善钢材的热加工性能；锰能大部分溶于铁素体中，形成置换固溶体，并使铁素体强化，提高钢材的强度和硬度。锰在钢材中的质量分数一般为0.25%～0.80%，最高可达1.2%。一般来说，锰也是钢材中的有益元素。

知识点三　硫的影响

硫是在炼钢时由矿石和燃料带进钢材中的，而且在炼钢时难以除尽。总的来讲，硫是钢材中的有害杂质元素。在固态下硫不溶于铁，而以FeS的形式存在。FeS与Fe能形成低熔点的共晶体（Fe＋FeS），其熔点为985℃，并且分布在晶界上，当钢材在1000～1200℃进行热压力加工时，由于共晶体熔化，从而导致钢材在热加工时开裂，这种钢材在高温时出现脆裂的现象，称为“热脆”。钢材中硫的质量分数必须严格控制，一般控制在0.050%以下。但在易切削钢中可适当提高硫的质量分数，其目的在于提高钢材的可加工性。此外，硫对钢材的焊接性有不良的影响，容易导致焊缝产生热裂、气孔和疏松。

知识点四　磷的影响

磷是由矿石带入钢材中的。一般来讲，磷在钢材中能全部溶于铁素体中，提高铁素体的强度和硬度，但在室温下却使钢材的塑性和韧性急剧下降，产生低温脆性，这种现象称为“冷脆”。一般来说，磷是钢材中的有害元素，钢材中磷的质量分数即使只有千分之几，也会因析出脆性化合物Fe_3P而使钢材的脆性增加，特别是在低温时更为显著。因此，要限制磷的质量分数。但在易切削钢材中可适当提高磷的质量分数，以脆化铁素体，改善钢材的可加工性。此外，钢材中加入适量的磷还可以提高钢材的耐大气腐蚀性能，尤其是在钢材中含有适量的铜元素时，其耐大气腐蚀性能明显提高。

知识点五　非金属夹杂物的影响

在炼钢过程中，由于少量炉渣、耐火材料及冶炼中的反应物进入钢液中，从而在钢材中形成非金属夹杂物，如氧化物、硫化物、硅酸盐、氮化物等。这些非金属夹杂物都会降低钢材的力学性能，特别是降低塑性、韧性及疲劳强度，严重时还会使钢材在热加工与热处理过程中产生裂纹，或使用时造成钢材突然脆断。非金属夹杂物也促使钢材形成热加工纤维组织与带状组织，使钢材具有各向异性，严重时使钢材的横向塑性仅为纵向的一半，并使钢材的韧性大为降低。因此，对重要用途的钢材，如弹簧钢、滚动轴承钢和渗碳钢等，需要检查非金属夹杂物的数量、形状、大小与分布情况，并按相应的等级标准进行评定。

此外，钢材在整个冶炼过程中都与空气接触，因而钢液中会吸收一些气体，如氮气、氧气、氢气等。这些气体对钢材的质量也会产生不良的影响，尤其是氢对钢材的危害很大，它使钢材变脆（称氢脆），也可使钢材产生微裂纹（称白点），严重影响钢材的力学性能，使钢材容易产生脆断。

小资料 20世纪初期时的炼钢技术不够先进，不能采取有效的办法降低钢材中硫和磷的含量。因此，对于泰坦尼克号来说，船体钢板的韧性较低，而且当时泰坦尼克号又在冰冷的海水中航行，撞上冰山后，很容易发生断裂，这是泰坦尼克号遭到厄运的原因之一。

模块二 非合金钢的分类

非合金钢的分类方法有多种，常用的有以下几种。

知识点一 按非合金钢碳的质量分数分类

非合金钢按碳的质量分数进行分类，可分为低碳钢、中碳钢和高碳钢。

1. 低碳钢

低碳钢是指碳的质量分数 $w(C)<0.25\%$ 的铁碳合金，如08钢、10钢、15钢、20钢和25钢等。

2. 中碳钢

中碳钢是指碳的质量分数 $w(C)=0.25\%\sim0.60\%$ 的铁碳合金，如30钢、35钢、40钢、45钢、50钢、55钢、60钢等。

3. 高碳钢

高碳钢是指碳的质量分数 $w(C)>0.60\%$ 的铁碳合金，如65钢、70钢、75钢、80钢、85钢、T7钢、T8钢、T10钢、T12钢等。

知识点二 按非合金钢主要质量等级和主要性能及使用特性分类

非合金钢按主要质量等级进行分类，可分为普通质量非合金钢、优质非合金钢和特殊质量非合金钢。

1. 普通质量非合金钢

普通质量非合金钢是指对生产过程中不规定需要特别控制质量要求的非合金钢。此类钢应用时应满足下列条件：钢为非合金化的；不规定热处理；如产品标准或技术条件中有规定，其特性值（最高值和最低值）应达规定值；未规定其他质量要求。

普通质量非合金钢主要包括：一般用途碳素结构钢，如GB/T 700—2006《碳素结构钢》中规定的A、B级钢；碳素钢筋钢；铁道用一般碳素钢，如轻轨和垫板用碳素钢；一般钢板桩型钢。

2. 优质非合金钢

优质非合金钢是指在生产过程中需要特别控制质量（例如控制晶粒度，降低硫、磷含量，改善表面质量或增加工艺控制等），以达到比普通质量非合金钢特殊的质量要求（如良好的抗脆断性能，良好的冷成形性等）的非合金钢，但优质非合金钢的生产控制不如特殊质量非合金钢严格。

优质非合金钢主要包括：机械结构用优质碳素钢，如 GB/T 699—1999《优质碳素结构钢》中规定的优质碳素结构钢中的低碳钢和中碳钢；工程结构用碳素钢，如 GB/T 700—2006《碳素结构钢》中规定的 C、D 级钢；冲压薄板的低碳结构钢；镀层板、带用碳素钢；锅炉和压力容器用碳素钢；造船用碳素钢；铁道用优质碳素钢，如重轨用碳素钢；焊条用碳素钢；冷锻、冲压等冷加工用非合金钢；非合金易切削结构钢；电工用非合金钢板、带；优质铸造碳素钢。

3. 特殊质量非合金钢

特殊质量非合金钢是指在生产过程中需要特别严格控制质量和性能（例如控制淬透性和纯洁度）的非合金钢。此类钢（包括易切削钢和工具钢）要经热处理并至少具有下列一种特殊要求：如要求淬火和回火状态下的冲击性能；要求有效淬硬深度或表面硬度；限制表面缺陷；限制钢材中非金属夹杂物的含量和（或）要求内部材质的均匀性；限制磷和硫的含量（成品 $w(P)$ 和 $w(S)$ 均不大于 0.025%）；限制残余元素 Cu、Co、V 的最高含量等。

特殊质量非合金钢主要包括：保证淬透性非合金钢；保证厚度方向性能非合金钢；铁道用特殊非合金钢，如制作车轴坯、车轮、轮箍的非合金钢；航空、兵器等专业用非合金结构钢；核能用的非合金钢；特殊焊条用非合金钢；碳素弹簧钢；特殊盘条钢及钢丝；特殊易切削钢；碳素工具钢和中空钢；电磁纯铁；原料纯铁。

知识点三 按非合金钢的用途分类

非合金钢按用途进行分类，可分为碳素结构钢和碳素工具钢。

1. 碳素结构钢

碳素结构钢主要用于制造各种机械零件和工程结构件，其碳的质量分数一般都小于 0.70%。此类钢常用于制造齿轮、轴、螺母、弹簧等机械零件，用于制作桥梁、船舶、建筑等工程结构件。

2. 碳素工具钢

碳素工具钢主要用于制造工具，如制作刃具、模具、量具等，其碳的质量分数一般都大于 0.70%。

此外，钢材还可以从其他角度进行分类，如按专业（如锅炉用钢、桥梁用钢、矿用钢等）、按冶炼方法等进行分类。

模块三 非合金钢的牌号及用途

知识点一 普通质量非合金钢

普通质量非合金钢中使用最多是碳素结构钢。碳素结构钢的牌号是由屈服强度字母、屈服强度数值、质量等级符号、脱氧方法四部分按顺序组成的。质量等级分 A、B、C、D 四级，质量依次提高，其中 C、D 级钢含硫、磷量低，相当于优质碳素结构钢，质量好，适用于制作对焊接性和韧性要求较高的工程结构或机械零件。屈服强度的字母以“屈”字汉语拼音字首“Q”表示；脱氧方法用 F、Z、TZ 分别表示沸腾钢、镇静钢、特殊镇静钢。在牌号中“Z”和“TZ”可以省略。例如，Q235AF，表示屈服强度大于 235MPa，质量为 A 级的沸腾碳素结构钢。碳素结构钢的牌号和化学成分见表 5-1，其力学性能和应用举例见表 5-2。

表 5-1 碳素结构钢的牌号和化学成分

牌号	化学成分（%），不大于					脱氧方法
	w（C）	w（Mn）	w（Si）	w（S）	w（P）	
Q195	0.12	0.50	0.30	0.040	0.035	F、Z
Q215A	0.15	1.20	0.35	0.050	0.045	F、Z
Q215B	0.15	1.20	0.35	0.045	0.045	F、Z
Q235A	0.22	1.40	0.35	0.050	0.045	F、Z
Q235B	0.20	1.40	0.35	0.045	0.045	F、Z
Q235C	0.17	1.40	0.35	0.040	0.040	Z
Q235D	0.17	1.40	0.35	0.035	0.035	TZ
Q275A	0.24	1.50	0.35	0.050	0.045	F、Z
Q275B	0.22	1.50	0.35	0.045	0.045	Z
Q275C	0.20	1.50	0.35	0.040	0.040	Z
Q275D	0.20	1.5	0.35	0.035	0.035	TZ

注：GB/T 700—2006 中规定质量 A、B 级钢属于普通质量碳素钢，C、D 级钢属于优质碳素钢。

表 5-2 碳素结构钢的力学性能和应用举例

<table>
<tr><th rowspan="4">牌号</th><th rowspan="4">质量等级</th><th colspan="4">R_{eH}/MPa</th><th rowspan="4">R_m /MPa</th><th colspan="4">A（%）</th><th rowspan="4">应用举例</th></tr>
<tr><th colspan="4">钢材厚度（直径）/mm</th><th colspan="4">钢材厚度（直径）/mm</th></tr>
<tr><th>≤16</th><th>>16～40</th><th>>40～60</th><th>>60～100</th><th>≤40</th><th>>40～60</th><th>>60～100</th><th>>100～150</th></tr>
<tr><th colspan="4">不小于</th><th colspan="4">不小于</th></tr>
<tr><td>Q195</td><td>—</td><td>（195）</td><td>（185）</td><td>—</td><td>—</td><td>315～430</td><td>33</td><td>—</td><td>—</td><td>—</td><td rowspan="7">塑性好，有一定的强度，用于制造受力不大的零件，如螺钉、螺母、垫圈、焊接件、冲压件、桥梁、建筑等金属结构件</td></tr>
<tr><td rowspan="2">Q215</td><td>A</td><td rowspan="2">215</td><td rowspan="2">205</td><td rowspan="2">195</td><td rowspan="2">185</td><td rowspan="2">335～450</td><td rowspan="2">31</td><td rowspan="2">30</td><td rowspan="2">29</td><td rowspan="2">27</td></tr>
<tr><td>B</td></tr>
<tr><td rowspan="4">Q235</td><td>A</td><td rowspan="4">235</td><td rowspan="4">225</td><td rowspan="4">215</td><td rowspan="4">215</td><td rowspan="4">370～500</td><td rowspan="4">26</td><td rowspan="4">25</td><td rowspan="4">24</td><td rowspan="4">22</td></tr>
<tr><td>B</td></tr>
<tr><td>C</td></tr>
<tr><td>D</td></tr>
<tr><td rowspan="4">Q275</td><td>A</td><td rowspan="4">275</td><td rowspan="4">265</td><td rowspan="4">255</td><td rowspan="4">245</td><td rowspan="4">410～540</td><td rowspan="4">22</td><td rowspan="4">21</td><td rowspan="4">20</td><td rowspan="4">18</td><td rowspan="4">强度较高，用于制造承受中等载荷的零件，如心轴、齿轮、链轮、小轴、销子、连杆、农机零件等</td></tr>
<tr><td>B</td></tr>
<tr><td>C</td></tr>
<tr><td>D</td></tr>
</table>

知识点二　优质非合金钢

优质非合金钢中使用最多是优质碳素结构钢。优质碳素结构钢的牌号用两位数字表示该钢平均碳的质量分数的万分之几（以0.01%为单位）。例如，45钢表示平均碳的质量分数为0.45%的优质碳素结构钢；08表示平均碳的质量分数为0.08%的优质碳素结构钢。

如果是沸腾钢与半镇静钢，则在数字后分别加“F”与“b”，如08F与08b等；如果是高级优质钢，在牌号后面加“A”；如果是特级优质钢，在牌号后面加“E”。优质碳素结构钢的牌号、化学成分、力学性能和用途见表5-3。

表5-3　优质碳素结构钢的牌号、化学成分、力学性能和用途

牌号	化学成分(%)			力学性能					应用举例
	w(C)	w(Si)	w(Mn)	R_m/MPa	R_{eH}/MPa	A(%)	Z(%)	KU/J	
				不小于					
08	0.05~0.11	0.17~0.37	0.35~0.65	325	195	33	60	—	塑性好，适合制作要求高韧性的冲压件、焊接件、紧固件，如汽车车身、器皿、螺栓、螺母、垫圈、拉杆等，渗碳淬火后可制造强度不高的耐磨件，如凸轮、滑块、活塞销等
10	0.07~0.13	0.17~0.37	0.35~0.65	335	205	31	55	—	
15	0.12~0.18	0.17~0.37	0.35~0.65	375	225	27	55	—	
20	0.17~0.23	0.17~0.37	0.35~0.65	410	245	25	55	—	
25	0.22~0.29	0.17~0.37	0.50~0.80	450	275	23	50	71	
30	0.27~0.34	0.17~0.37	0.50~0.80	490	295	21	50	63	综合力学性能较好，适合制作负荷较大的零件，如连杆、曲轴、主轴、活塞杆（销）、表面淬火齿轮、凸轮、拉杆、轴套、丝杠、蜗杆、链轮等
35	0.32~0.39	0.17~0.37	0.50~0.80	530	315	20	45	55	
40	0.37~0.44	0.17~0.37	0.50~0.80	570	335	19	45	47	
45	0.42~0.50	0.17~0.37	0.50~0.80	600	355	16	40	39	
50	0.47~0.55	0.17~0.37	0.50~0.80	630	375	14	40	31	
55	0.52~0.60	0.17~0.37	0.50~0.80	645	380	13	35		
60	0.57~0.65	0.17~0.37	0.50~0.80	675	400	12	35	—	屈服强度高，硬度高，适合制作弹性零件（如各种螺旋弹簧、板簧、钢丝绳、弹簧垫圈等）以及耐磨零件（如轧辊、机车轮箍、偏心轮、凸轮等）
65	0.62~0.70	0.17~0.37	0.50~0.80	695	410	10	30	—	
70	0.67~0.75	0.17~0.37	0.50~0.80	715	420	9	30	—	
80	0.77~0.85	0.17~0.37	0.50~0.80	1080	930	6	30	—	
85	0.82~0.90	0.17~0.37	0.50~0.80	1130	980	6	30	—	

1. 冲压钢

冲压钢碳的质量分数低，塑性好，强度低，焊接性好，主要用于制作薄板、冲压零件和焊接件，常用的冲压钢有08钢、10钢和15钢。

2. 渗碳钢

渗碳钢强度较低，塑性和韧性较高，冲压性能和焊接性很好，可以制造各种受力不大但要求高韧性的零件，如焊接容器与焊接件、螺钉、杆件、轴套、冲压件等。这类钢经渗碳淬火后，表面硬度可达60HRC以上，表面耐磨性较好，而心部具有一定的强度和良好的韧性，可用于制造要求表面硬度高、耐磨，并承受冲击载荷的零件。常用的渗碳钢有15钢、20钢、25钢等。

3. 调质钢

调质钢经过热处理后具有良好的综合力学性能，主要用于制作要求强度、塑性、韧性都较高的零件，如齿轮（图5-1）、轴套（图5-2）、轴类、蜗杆、链轮等零件。这类钢在机械制造中应用广泛，特别是40钢、45钢在机械零件中应用更广泛。常用的调质钢有30钢、35钢、40钢、45钢、50钢、55钢等。

图5-1　齿轮

图5-2　轴套

4. 弹簧钢

弹簧钢经热处理后可获得较高的弹性极限，主要用于制造尺寸较小的弹簧、弹性零件及耐磨零件，如机车车辆及汽车上的螺旋弹簧、板弹簧（图5-3）、气门弹簧（图5-4）、弹簧发条、钢丝绳等。常用的弹簧钢有60钢、65钢、70钢、75钢、80钢、85钢等。

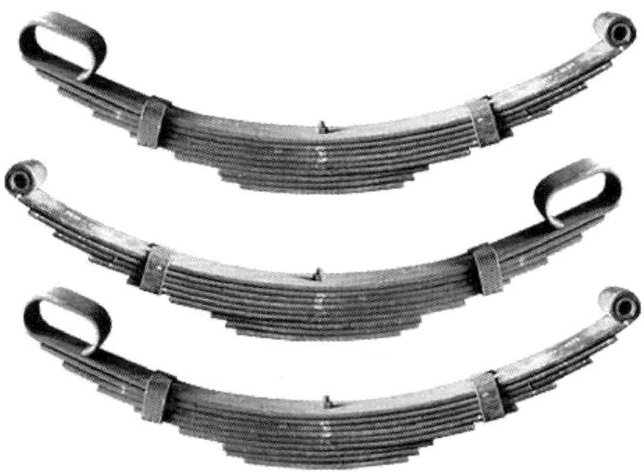

图5-3　板弹簧

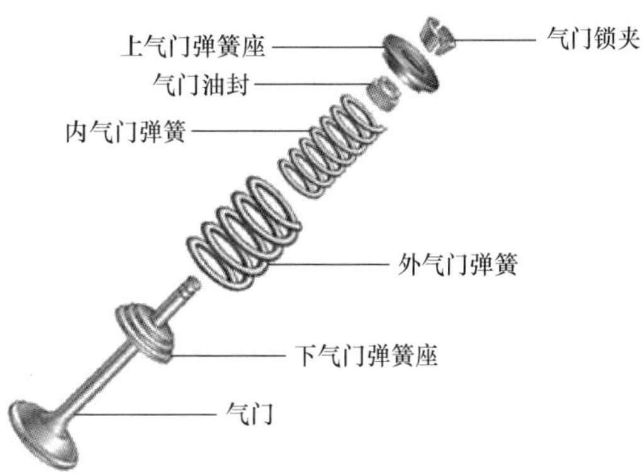

图5-4　气门弹簧

知识点三 其他专用优质非合金钢

在优质碳素结构钢基础上还发展了一些专门用途的钢，如易切削结构钢、锅炉用钢、焊接用钢丝、矿用钢、钢轨钢、桥梁钢等。这些专用钢在钢牌号的首部或尾部用专用符号标明其用途，常用专用钢材及其表示用途的符号见表5-4。例如，25MnK表示在25Mn钢的基础上发展起来的矿用钢，钢中平均碳的质量分数为0.25%，锰的质量分数较高。

表5-4 常用专用钢材及其表示用途的符号

名称	汉字	符号	在钢号中的位置	名称	汉字	符号	在钢号中的位置
易切削结构钢	易	Y	首	矿用钢	矿	K	尾
钢轨钢	轨	U	首	桥梁用钢	桥	Q	尾
焊接用钢	焊	H	首	锅炉用钢	锅	G	尾
机车车辆用钢	机轴	JZ	首	锅炉和压力容器用钢	容	R	尾
地质钻探钢管用钢	地质	DZ	首	低温压力容器用钢	低容	DR	尾
冷镦钢（铆螺钢）	铆螺	ML	首	煤机用钢	煤	M	首
船用锚链钢	锚	CM	首	汽车大梁用钢	梁	L	尾
车辆车轴用钢	辆轴	LZ	首	耐候钢	耐候	NH	尾
（滚珠）轴承钢	滚	G	首	焊接气瓶用钢	焊瓶	HP	首
电磁纯钢	电铁	DT	首	沸腾钢	沸	F	尾
变形高温合金	高合	GH	首	钢镇静	镇	Z	尾
船用钢		AH、BH、DH、EH	首	半镇静钢	半	b	尾
铸造高温合金		K	首	特殊钢镇静	镇	TZ	尾
非调质机械结构钢	非	F	首	管线用钢	管线	L	首

1. 易切削结构钢

易切削结构钢是在钢中加入一种或几种元素，利用其本身或与其他元素形成一种对切削加工有利的夹杂物，来改善钢材的可加工性。目前在易切削结构钢中常用的加入元素有硫(S)、磷(P)、铅(Pb)、钙(Ca)、硒(Se)、碲(Te)等。易切削结构钢适合在自动机床上进行高速切削制作通用机械零件，如Y45Ca钢适合于高速切削加工，可比45钢提高生产率一倍以上，可节省工时，用来制造齿轮轴、花键轴等零件。这种钢材不仅应保证在高速切削条件下工件对刀具的磨损要小，而且还要求零件切削后其表面的表面粗糙度值要小。例如，为了提高切削加工性，钢中加入硫($w(S)=0.18\% \sim 0.30\%$)，同时加入锰($w(Mn)=0.6\% \sim 1.55\%$)，使钢内形成大量的MnS夹杂物。在切削时，这些夹杂物可起断屑的作用，从而减少切削动力损耗。另外，硫化物在切削过程中还有一定的润滑作用，可以减小刀具与工件表面的摩擦，延长刀具的使用寿命。同时，适当提高磷的质量分数，可以使铁素体脆化，也能提高钢材的可加工性。

易切削结构钢的牌号以“Y＋数字”表示，Y是“易”字汉语拼音首位字母，数字为钢中平均碳的质量分数的万分之几，如Y12表示平均碳的质量分数为0.12%的易切削结构钢。如果易切削结构钢中锰的质量分数较高，则应在牌号后附加Mn，如Y40Mn等。

目前，易切削结构钢主要用于制造受力较小、不太重要的大批生产的标准件，如螺钉、螺母（图5-5），垫圈、垫片，缝纫机、计算机和仪表用零件等。此外，它还用于制造炮弹的弹头、炸弹壳等，使之在爆炸时碎裂成更多的弹片来杀伤敌人。部分易切削结构钢的钢号、化学成分和力学性能见表5-5。

图5-5 螺母

表5-5 部分易切削结构钢的化学成分和力学性能

牌号	化学成分(%)				力学性能(热轧状态)	
	w(C)	w(Mn)	w(S)	w(P)	R_m/MPa	A(%)
Y12	0.08～0.16	0.70～1.00	0.10～0.20	0.08～0.15	390～540	≥22
Y20	0.17～0.25	0.70～1.00	0.08～0.15	≤0.06	450～600	≥20
Y30	0.27～0.35				510～655	≥15
Y35	0.32～0.40				510～655	≥14
Y40Mn	0.37～0.45	1.20～1.55	0.20～0.30	≤0.05	539～735	≥14

2. 锅炉用钢

锅炉用钢是在优质碳素结构钢的基础上发展起来的专门用于制作锅炉构件的钢种，如20G钢、22G钢、16MnG钢等。此类钢要求化学成分与力学性能均匀，经过冷成形后在长期存放和使用过程中，仍能保证足够高的韧性。

3. 焊接用钢丝

焊接用钢丝（焊芯、实芯焊丝）用“H”表示，“H”后面的一位或两位数字表示碳的质量分数的万分数；化学符号及其后面的数字表示该元素平均质量分数的百分数（若质量分数小于1%，则不标明数字）；“A”表示优质（即焊接用钢丝中S、P含量比普通钢丝低）；“E”表示高级优质（即焊接用钢丝中S、P含量比普通钢丝更低）。例如，H08MnA中，H表示焊接用钢丝，08表示碳的质量分数为0.08%，Mn表示锰的质量分数为1%，A表示优质焊接用钢丝。几种常用焊接用钢丝的牌号、化学成分及用途见表5-6。

4. 一般工程用铸造碳钢

生产中有许多形状复杂的零件，很难用锻压等方法成形，用铸铁铸造又难以满足力学性能要求，这时常选用一般工程用铸造碳钢，采用铸造成形方法来获得铸钢件。一般工程用铸造碳钢广泛用于制造重型机械的某些零件，如箱体、曲轴、连杆、轧钢机机架、水压机横梁、锻锤砧座等。一般工程用铸造碳钢碳的质量分数一般为0.20%～0.60%，若碳的质量分数过高，则钢的塑性差，并且铸造时易产生裂纹。

表5-6 几种常用焊接用钢丝的牌号、化学成分及用途

牌号	化学成分(%)								用途
	w(C)	w(Mn)	w(Si)	w(Cr)	w(Ni)	w(S)	w(P)	w(Cu)	
H08A	≤0.10	0.30～0.55	≤0.03	≤0.20	≤0.30	≤0.030	≤0.030		制作埋弧焊焊丝
H08E	≤0.10	0.30～0.55	≤0.03	≤0.20	≤0.30	≤0.025	≤0.025		制作埋弧焊焊丝
H08MnA	≤0.10	0.80～1.10	≤0.70	≤0.20	≤0.30	≤0.030	≤0.030		制作埋弧焊焊丝
H10Mn2	≤0.12	1.50～1.90	≤0.70	≤0.20	≤0.30	≤0.040	≤0.040		制作埋弧焊焊丝
H10MnSi	≤0.14	0.80～1.10	0.60～0.90	≤0.20	≤0.30	≤0.030	≤0.040	≤0.35	制作埋弧焊用镀铜焊丝

一般工程用铸造碳钢的牌号用“铸钢”两字的汉语拼音字首“ZG”后面加两组数字组成，第一组数字代表屈服强度最低值，第二组数字代表抗拉强度最低值，如ZG200－400表示屈服强度不小于200MPa，抗拉强度不小于400MPa的一般工程用铸造碳钢。一般工程用铸造碳钢的牌号、化学成分及力学性能见表5-7。

表5-7 一般工程用铸造碳钢的牌号、化学成分及力学性能

牌号	主要化学成分(%)					室温力学性能(最小值)				
	w(C)≤	w(Si)≤	w(Mn)≤	w(S)≤	w(P)≤	R_e/MPa	R_m/MPa	$A_{11.3}$(%)	根据合同选择	
									Z(%)	KU/J
ZG200—400	0.2	0.5	0.8			200	400	25	40	30
ZG230—450	0.3	0.5	0.9			230	450	22	32	25
ZG270—500	0.4	0.5	0.9	0.04	0.04	270	500	18	25	22
ZG310—570	0.5	0.6	0.9			310	570	15	21	15
ZG340—640	0.6	0.6	0.9			340	640	10	18	10

知识点四 特殊质量非合金钢

特殊质量非合金钢中使用最多的是碳素工具钢。碳素工具钢主要是用于制造刀具、模具和量具的钢。由于大多数工具都要求高硬度和高耐磨性，故碳素工具钢碳的质量分数都在0.7%以上，而且此类钢都是优质钢和高级优质钢，有害杂质元素（S、P）含量较少，质量较高。

碳素工具钢的牌号以“T”（碳的大写汉语拼音字首）开头，其后的数字表示平均碳的质量分数的千分数。例如，T8表示平均碳的质量分数为0.80%的碳素工具钢。若为高级优质碳素工具钢，则在牌号后面标一字母A，如T12A表示平均碳的质量分数为1.20%的高级优质碳素工具钢。碳素工具钢的牌号、化学成分、硬度和用途举例见表5-8。碳素工具钢随着碳的质量分数的增加，其硬度和耐磨性提高，韧性下降，其应用场合也不同。

表 5-8 碳素工具钢的牌号、化学成分、硬度和用途举例

牌号	化学成分（%）			退火状态硬度 HBW	试样淬火温度与硬度 HRC	用途举例
	w(C)	w(Si)	w(Mn)			
T7 T7A	0.65～0.74	≤0.35	≤0.40	≤187	水冷 800～820℃ ≥62	用于制作能承受冲击、韧性较好、硬度适当的工具，如扁铲、錾子、钳子、大锤、螺钉旋具、木工工具、钳工工具、钢印、锻模等
T8 T8A	0.75～0.84	≤0.35	≤0.40	≤187	水冷 800～820℃ ≥62	用于制作能承受一定冲击、要求具有较高硬度与耐磨性的工具，如冲头、钳工工具、压缩空气锤工具及木工工具等
T10 T10A	0.95～1.04	≤0.35	≤0.40	≤197	水冷 760～780℃ ≥62	用于制作不受剧烈冲击、要求具有高硬度与耐磨性的工具，如车刀、刨刀、冲头、丝锥、钻头、手锯锯条、钳工刮刀等
T12 T12A	1.15～1.24	≤0.35	≤0.40	≤207	水冷 760～780℃ ≥62	用于制作不受冲击、要求具有高硬度、高耐磨性的工具，如锉刀、刮刀、精车刀、丝锥、量具、钻头、板牙、冲模等

【综合训练】

一、名词解释

1. 热脆 2. 冷脆 3. 普通质量非合金钢 4. 优质非合金钢 5. 特殊质量非合金钢

二、填空题

1. 钢中所含有害杂质元素主要是________、________。

2. 非合金钢按钢中碳的质量分数进行分类，可分为________、________、________三类。

3. 碳素结构钢的质量等级可分为________、________、________、________四类。

4. 非合金钢按钢的用途进行分类，可分为________、________两类。

5. T12A 钢按用途分类，它属于________钢；按碳的质量分数分类，它属于________；按主要质量等级分类，它属于________。

6. 45 钢按用途分类，它属于________钢；按碳的质量分数分类，它属于________钢；按主要质量等级分类，它属于________钢。

7. 钢中非金属夹杂物主要有________、________、________、________等。

8. 碳素工具钢的牌号以“T”开头，其后的数字表示平均________的质量分数的________分数。

三、选择题

1. 08F 牌号中，08 表示其平均碳的质量分数为________。

A. 0.08%　　B. 0.8%　　C. 8%

2. 普通、优质和特殊质量非合金钢是按________进行区分的。

A. 主要质量等级　　B. 主要性能　　C. 使用特性　D. 前三者综合考虑

3. 在下列三种钢中，______的弹性最好；______的硬度最高；________的塑性最好。

A. T10 钢　　B. 20 钢　　C. 65 钢

4. 选择制造下列零件的材料：冲压件________，齿轮________，小弹簧________。

A. 08F 钢　　B. 70 钢　　C. 45 钢

5. 选择制造下列工具所用的材料：木工工具________，锉刀________，手锯锯条________。

A. T8A 钢　　B. T10 钢　　C. T12 钢

四、判断题

1. T10 钢碳的质量分数是 10%。(　　)

2. 高碳钢的质量优于中碳钢，中碳钢的质量优于低碳钢。(　　)

3. 碳素工具钢都是优质或高级优质钢。(　　)

4. 碳素工具钢的碳的质量分数一般都大于 0.7%。(　　)

5. 一般工程用铸造碳钢可用于铸造成形形状复杂而力学性能要求较高的零件。(　　)

6. 氢对钢的危害很大，它使钢变脆（称氢脆），也可使钢产生微裂纹（称白点）。(　　)

五、简答题

1. 为什么在非合金钢中要严格控制硫、磷元素的质量分数？而在易切削结构钢中又要适当地提高硫、磷元素的质量分数？

2. 碳素工具钢中碳的质量分数不同，对其力学性能及应用有何影响？

六、课外调研

查阅有关资料，了解一下目前非合金钢的应用情况和实际价格。

第六单元

钢材热处理

【学习目标】

本单元主要介绍钢材热处理的定义、分类、原理及其各种工艺的应用范围。在学习过程中，第一，要了解钢材热处理的定义和分类，以便为学习后续课程奠定基础；第二，要了解钢材热处理的原理（如钢的加热与冷却过程等内容），了解钢材热处理的本质是通过不同的加热温度、保温时间和冷却速度等方式进行组合，最终获得所需的组织与性能；第三，初步了解各种热处理工艺在零件生产中的应用，为以后制订零件热处理工艺建立感性经验，如了解弹簧零件、轴与齿轮类零件的热处理工艺等，这样学习可以做到触类旁通，提高学习效率。

热处理是机械零件及工具制造过程中的重要工艺，它担负着改善钢铁材料组织和性能，充分发挥钢铁材料潜力，提高和改善零件的使用性能和使用寿命的重要任务。在机械制造工业的各类机床零件中，需要进行热处理的约占其总量的 60% ~70%；在汽车、拖拉机零件中，需要进行热处理的约占其总量的 70% ~80%；而轴承、各种工模具等几乎 100% 需要热处理。因此，热处理在机械制造工业中占有十分重要的地位。

模块一 热处理概念

热处理是采用适当的方式对金属材料或工件进行加热、保温和冷却，以获得预期的组织结构与性能的工艺。热处理工艺方法较多，但其过程都由加热、保温、冷却三个阶段组成。热处理工艺可用加热与冷却曲线来表示，如图 6-1a 所示。常用的热处理加热设备主要有箱式电阻炉（图 6-1b）、盐浴炉、井式炉等。常用的冷却设备有水槽、油槽、盐浴、吹风机等。

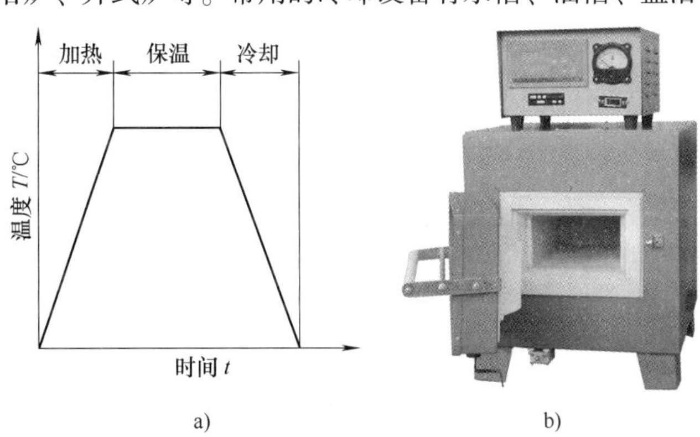

图 6-1 热处理工艺曲线和箱式电阻炉

a）热处理工艺曲线 b）箱式电阻炉

钢材热处理的原理主要是利用钢材在加热和冷却时内部组织发生转变的基本规律。人们根据这些基本规律和性能要求，选择合理的加热温度、保温时间和冷却介质等有关参数，最终达到改善钢材性能的目的。根据热处理的目的及加热和冷却方法的不同，热处理工艺的大致分类如下：

- 热处理
  - 整体热处理
    - 退火
    - 正火
    - 淬火
    - 淬火和回火
    - 调质
    - 稳定化处理
    - 固溶处理、水韧处理
    - 固溶处理和时效
  - 表面热处理
    - 表面淬火和回火
    - 物理气相沉积
    - 化学气相沉积
    - 等离子体增强化学气相沉积
    - 激光辅助化学气相沉积
    - 离子注入
  - 化学热处理
    - 渗碳
    - 碳氮共渗
    - 渗氮
    - 氮碳共渗
    - 渗其他非金属
    - 渗金属
    - 多元共渗

模块二　钢材在加热时的组织转变

知识点一　相　变　点

大多数零件的热处理都是先加热到临界点（或相变点）以上某一温度区间，使其全部或部分得到均匀的奥氏体组织，然后采用适当的冷却方法，获得所需要的组织结构。

想一想　我们经常会遇到这样的问题，即从“A”点到“B”点如果无法实现时，往往会想到先到可以去的“C”点，然后再从“C”点到“B”点，从而实现目标。热处理过程中的加热目的就是“C”点，而“B”点就是冷却时要获得的组织。

金属材料在加热或冷却过程中，发生相变的温度称为相变点或临界点。在铁碳合金相图中，A_1、A_3、A_{cm}是平衡条件下的临界点。铁碳合金相图中的临界点是在极其缓慢的加热或冷却条件下测得的，而实际生产中的加热和冷却并不是极其缓慢的，所以实际发生组织转变的温度与铁碳合金相图中所示的理论临界点A_1、A_3、A_{cm}之间有一定的偏离，如图6-2所示。并且随着加热和冷却速度的增加，相变点的偏离将逐渐增大。为了区别钢材在实际加热和冷却时的相变点，加热时在“A”后加注“c”，冷却时在“A”后加注“r”。因此，实际加热时的临界点标注为Ac_1、Ac_3、Ac_{cm}；实际冷却时的临界点标注为Ar_1、Ar_3、Ar_{cm}。

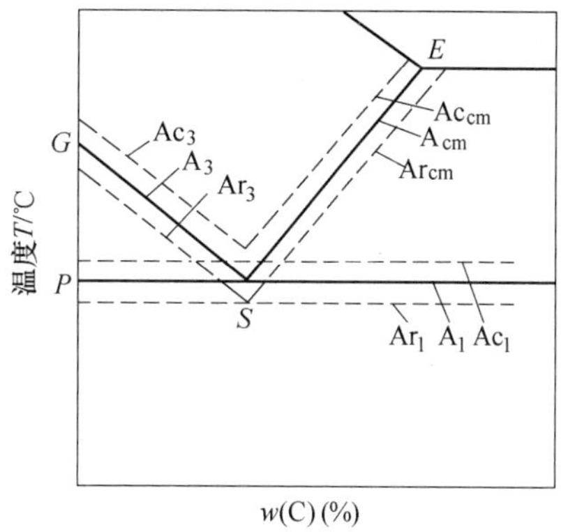

图6-2　实际加热（冷却）时，$Fe\text{-}Fe_3C$相图上各相变点的位置

知识点二　奥氏体的形成

共析钢的室温组织是珠光体，即铁素体和渗碳体两相组成的机械混合物。其中铁素体为体心立方晶格，在A_1点时碳的质量分数为0.0218%；渗碳体为复杂晶格，碳的质量分数为6.69%。当加热到临界点A_1以上时，珠光体转变为奥氏体，为面心立方晶格，碳的质量分数为0.77%。由此可见，珠光体向奥氏体的转变，是由化学成分和晶格都不相同的两相，转变为另一种不同化学成分和晶格的过程，因此在转变过程中必须进行碳原子的扩散和铁原子的晶格重构，即发生相变。

研究证明，奥氏体的形成是通过晶核形成和晶核长大过程来实现的。珠光体向奥氏体的转变可以分为以下四个阶段。

（1）奥氏体晶核形成　钢加热到A_1点时，奥氏体晶核优先在铁素体与渗碳体的相界面上形成。这是由于相界面的原子是以渗碳体与铁素体两种晶格的过渡结构排列的，原子偏离平衡位置处于畸变状态，具有较高的能量。另外，与晶体内部比较，晶界处碳的分布是不均匀的，这些都为形成奥氏体晶核在化学成分、结构和能量上提供了有利条件。

（2）奥氏体晶核长大　奥氏体晶核形成后，奥氏体的相界面会向铁素体与渗碳体两个方向同时长大。通过原子的扩散，铁素体晶格逐渐改组为奥氏体晶格，渗碳体连续分解和碳原子扩散，从而使奥氏体晶核逐渐长大。

（3）残余渗碳体溶解　由于渗碳体的晶体结构和碳的质量分数与奥氏体差别较大，因此渗碳体向奥氏体中溶解的速度必然落后于铁素体向奥氏体的转变。在铁素体全部转变完成后，仍会有部分渗碳体尚未溶解，因而还需要一段时间使其继续向奥氏体中溶解，直至渗碳体全部溶解。

（4）奥氏体成分均匀化　奥氏体转变结束时，其化学成分处于不均匀状态，在原来铁素体之处碳的质量分数较低，在原来渗碳体之处碳的质量分数较高。因此，只有继续延长保温时间，通过碳原子的扩散过程才能得到化学成分均匀的奥氏体组织，以便在冷却后得到良好的组织与性能。

图6-3所示为共析钢奥氏体形核及其长大过程示意图。

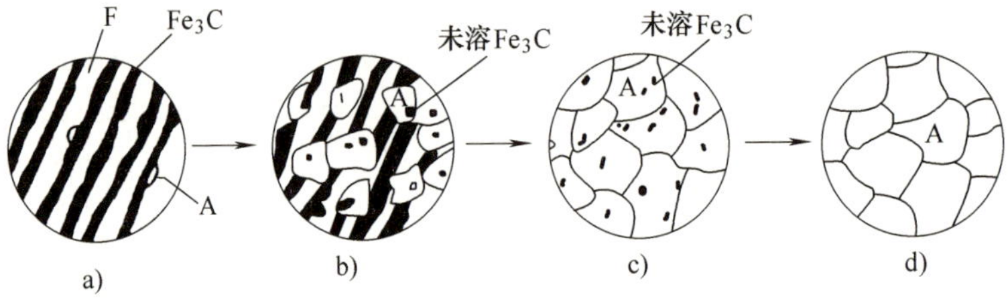

图6-3 共析钢奥氏体形核及其长大过程示意图

a）奥氏体晶核形成 b）奥氏体晶核长大 c）残余渗碳体溶解 d）奥氏体成分均匀化

亚共析钢和过共析钢的奥氏体晶核形成过程基本上与共析钢相同，不同之处是在加热时有过剩相出现。

由铁碳合金相图可以看出，亚共析钢的室温组织是铁素体和珠光体。当加热温度处于$Ac_1 \sim Ac_3$时，珠光体转变为奥氏体，剩余相为铁素体；当加热温度超过Ac_3，并保温适当时间时，剩余相铁素体全部消失，得到化学成分均匀单一的奥氏体组织。同样，过共析钢的室温组织是渗碳体和珠光体，当加热温度处于$Ac_1 \sim Ac_{cm}$时，珠光体转变为奥氏体，剩余相为渗碳体；当加热温度超过Ac_{cm}，并保温适当时间时，剩余相渗碳体全部消失，得到化学成分均匀、单一的奥氏体组织。

知识点三 奥氏体晶粒长大及其控制措施

钢材中奥氏体晶粒的大小直接影响到冷却后的组织和性能。奥氏体晶粒细小，则其转变产物的晶粒也较细小，其性能也较好；反之，转变产物的晶粒则粗大，其性能较差。将钢材加热到临界点以上时，刚形成的奥氏体晶粒都很细小。如果继续升温或延长保温时间，便会引起奥氏体晶粒长大。因此，在生产中常采用以下措施来控制奥氏体晶粒的长大。

1. 合理选择加热温度和保温时间

奥氏体形成后，随着加热温度的升高，保温时间的延长，奥氏体晶粒将会逐渐地长大，特别是加热温度对其影响更大。这是由于晶粒长大是通过原子扩散进行的，而扩散速度随加热温度的升高而急剧加快。

2. 选用含有合金元素的钢

碳与一种或数种金属元素所构成的化合物，称为碳化物。大多数合金元素，如Cr、W、Mo、V、Ti、Nb、Zr等，在钢材中均可以形成难溶于奥氏体中的碳化物，它们分布在奥氏体晶粒边界上，可阻碍奥氏体晶粒长大。

模块三 钢材在冷却时的组织转变

实践证明，同一化学成分的钢材，加热到奥氏体状态后，若采用不同的冷却方法和冷却速度进行冷却，将得到形态不同的各种组织，从而获得不同的性能，见表6-1。这种现象已不能用铁碳相图来解释了。因为铁碳相图只能说明平衡状态时的相变规律，冷却速度提高则脱离了平衡状态。因此，研究钢材在冷却时的相变规律，对制订热处理工艺有着重要的意义。在一定冷却速度下进行冷却时，奥氏体要过冷到 A_1 温度以下才能完成组织转变。在共析温度以下存在的奥氏体称为过冷奥氏体，也称亚稳奥氏体，它有较强的相变趋势。

表6-1　$w(C)=0.45\%$的非合金钢加热到840℃，以不同方法冷却后的力学性能

冷却方法	R_m/MPa	R_e/MPa	$A_{11.3}$(%)	Z(%)	硬度
炉内缓冷	530	280	32.5	49.3	160～200HBW
空气冷却	670～720	340	15～18	45～50	170～240HBW
水中冷却	1000	720	7～8	12～14	52～58HRC

【联想与对比】

我们在炎热的夏天能够品尝各种冰凉透心的冰糕，我们也知道冰糕在户外是不会保持很长时间的，迟早会转变为“液体冰糕”。

联想到奥氏体组织，会发现：奥氏体应该在共析温度 A_1 以上存在，在共析温度 A_1 以下奥氏体应该转变为其他组织，如珠光体、贝氏体、马氏体等。但由于冷却速度较快，奥氏体还来不及发生转变，因此就会出现暂时存在的亚稳奥氏体，即在共析温度 A_1 以下存在的奥氏体。这里的亚稳奥氏体就相当于在夏天吃的“冰糕”，而“液体冰糕”就相当于亚稳奥氏体即将转变的产物。

钢材在冷却时，可以采取两种冷却转变方式：等温转变和连续冷却转变，其冷却曲线如图6-4所示。

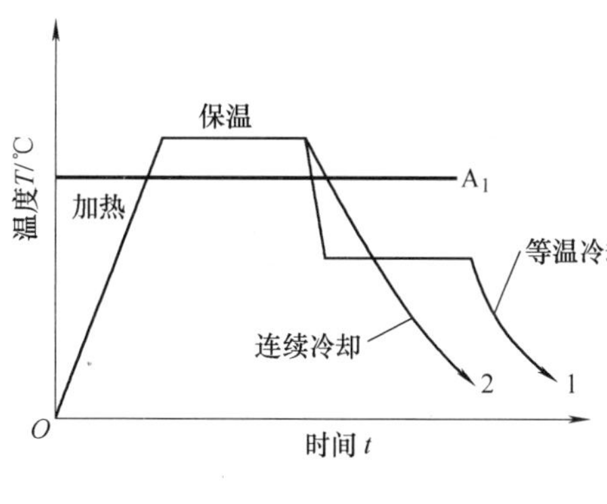

图6-4　等温冷却曲线和连续冷却曲线

等温转变是指工件奥氏体化后，冷却到临界点以下的某一温度区间内等温时，过冷奥氏体发生的相变。而连续冷却转变是指工件奥氏体化后，以不同的冷却速度连续冷却时过冷奥氏体发生的相变。表6-2是共析钢过冷奥氏体转变温度与转变产物的组织和性能。

表6-2　共析钢过冷奥氏体转变温度与转变产物的组织和性能

转变温度范围	过冷程度	转变产物	代表符号	组织形态	层片间距	转变产物硬度HRC
A_1～650℃	小	珠光体	P	粗片状	约0.3μm	<25
650～600℃	中	索氏体	S	细片状	0.1～0.3μm	25～35

（续）

转变温度范围	过冷程度	转变产物	代表符号	组织形态	层片间距	转变产物硬度 HRC
600～550℃	较大	托氏体	T	极细片状	约0.1μm	35～40
550～350℃	大	上贝氏体	$B_{上}$	羽毛状	—	40～45
350℃～*Ms*	更大	下贝氏体	$B_{下}$	针叶状	—	45～50
Ms～*Mf*	最大	马氏体	M	板条状	—	40左右
				双凸透镜状	—	>55

采用等温转变可以获得单一的珠光体、索氏体、托氏体、上贝氏体、下贝氏体和马氏体组织。而采用连续冷却转变时，由于连续冷却转变是在一个温度范围内进行的，其转变产物往往不是单一的，根据冷却速度的变化，有可能是P＋S、S＋T、T＋M、A＋M等。另外，马氏体组织既可以通过等温冷却转变方式获得，也可以通过连续冷却转变方式获得。

【热处理工艺印象】

与其他加工工艺相比，热处理一般不改变工件的形状和整体的化学成分，而是通过改变工件内部的显微组织，或改变工件表面的化学成分，赋予或改善工件的使用性能。热处理工艺的特点是改善工件的内在组织和质量，而这种变化过程一般并不能通过肉眼从零件的外观上看到，需要借助光学显微镜或电子显微镜才能观察到。

模块四 退火与正火

退火与正火是钢材常用的两种基本热处理工艺方法，主要用于钢制毛坯件的热处理，为毛坯件后续切削加工和最终热处理做组织准备。因此，退火与正火通常又称为预备热处理。对一般铸件、焊件以及性能要求不高的工件来讲，退火和正火也可作为最终热处理。

知识点一 退 火

退火是将工件加热到适当温度，保持一定时间，然后缓慢冷却的热处理工艺。其目的是消除钢材内应力；降低钢材硬度，提高钢材塑性；细化钢材组织，均匀钢材成分，为最终热处理做好组织准备。根据钢材化学成分和退火目的的不同，退火通常分为完全退火、球化退火、去应力退火、扩散退火和再结晶退火等。在机械零件、工具、模具的制造过程中，一般将退火作为预备热处理工序，并安排在铸造或锻造等工序之后、粗切削加工之前，用来消除前一工序中所产生的某些缺陷，为后续工序做好组织准备。

各种退火工艺与正火工艺的加热温度范围如图6-5所示，部分退火工艺曲线与正火工艺曲线如图6-6所示。

1. 完全退火

完全退火是将工件完全奥氏体化后缓慢冷却，获得接近平衡组织的退火。完全退火后所得到的室温组织为铁素体和珠光体。

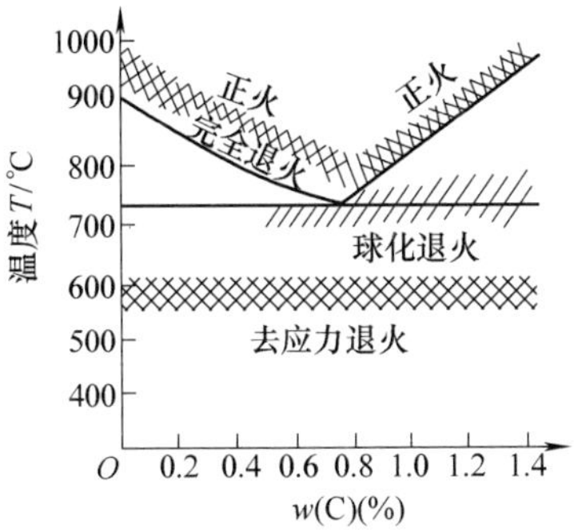

图 6-5 各种退火工艺与正火工艺的加热温度范围

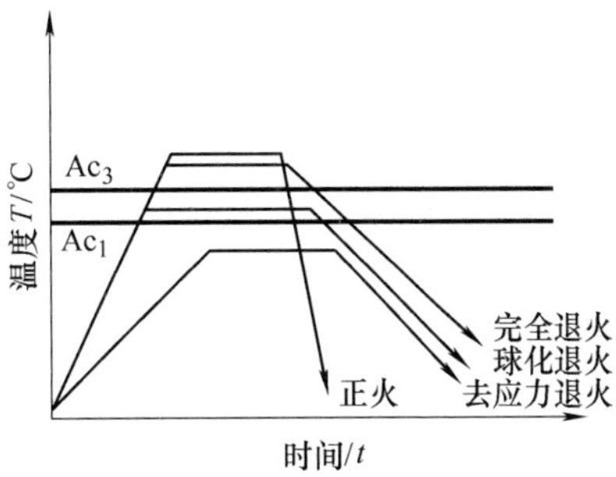

图 6-6 部分退火工艺曲线与正火工艺曲线

完全退火主要用于亚共析钢制作的铸件、锻件、焊件等。过共析钢工件不宜采用完全退火，因为钢材加热到 Ac_{cm}线以上退火后，二次渗碳体以网状形式沿奥氏体晶界析出，使钢材的强度和韧性显著降低，同时也使零件在后续的热处理工序（如淬火）中容易产生淬火裂纹。

小知识 物体的体积一定，则球体的表面积最小，其表面能也最小。因此，自然界的物体可以自发地趋向球体形状。

2. 球化退火

球化退火是使工件中的碳化物球状化而进行的退火，所得到的室温组织为铁素体基体上均匀分布着球状（粒状）渗碳体，即球状珠光体组织，如图 6-7 所示。在保温阶段，没有溶解的渗碳体会自发地趋于球状（球体表面积最小）化，在随后的缓冷过程中，球状渗碳体会逐渐地长大，最终形成球状珠光体组织。球化退火的目的是降低钢材硬度，改善钢材的可加工性，并为淬火做组织准备。球化退火主要用于过共析钢和共析钢制造的刃具、量具、模具等零件的热处理。

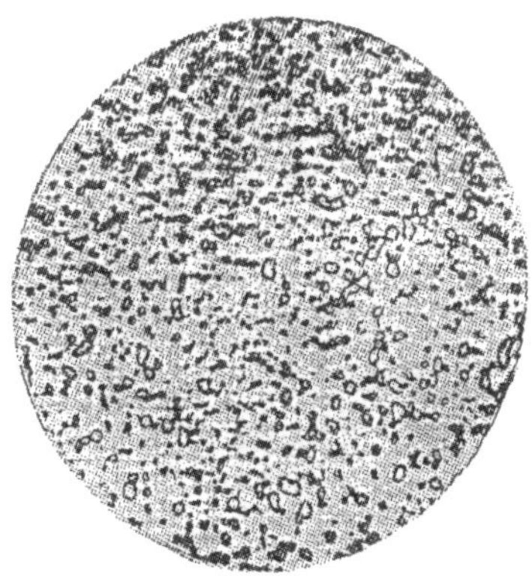

图 6-7 球状珠光体显微组织

3. 去应力退火

去应力退火是为去除工件塑性形变加工、切削加工或焊接加工过程中造成的内应力及铸件内存在的残余应力而进行的退火。去应力退火主要用于消除工件在切削加工、铸造、锻造、热处理、焊接等过程中产生的残余应力并稳定其尺寸。钢材在去应力退火的加热及冷却过程中无相变发生。

知识点二 正　火

正火是指工件加热奥氏体化后在空气中或其他介质中冷却，获得以珠光体组织为主的组织的热处理工艺。正火的目的是细化晶粒，提高钢材硬度，消除钢材中的网状渗碳体，并为淬火、切削加工等后续工序做组织准备。

正火奥氏体化温度比退火高，冷却速度比退火快，过冷度也较大，因此正火后所得到的组织比较细，强度和硬度比退火高一些。同时，正火与退火相比具有操作简便、生产周期短、生产率高、成本低的特点。在生产中，正火主要应用于如下场合。

1）改善可加工性。低碳钢和低碳合金钢退火后铁素体所占比例较大，硬度偏低，切削加工时有“粘刀”现象，而且表面粗糙度值较大，通过正火能适当提高硬度，改善可加工性。因此，低碳钢、低碳合金钢选择正火作为预备热处理；而 $w(\mathrm{C})>0.5\%$ 的中碳钢、高碳钢、合金钢一般选择退火作为预备热处理。

2）消除网状碳化物，为球化退火做组织准备。对于过共析钢，正火加热到 Ac_{cm} 以上可使网状碳化物充分溶解到奥氏体中，当空气冷却时碳化物来不及析出，消除了网状碳化物组织，同时细化了珠光体组织，有利于后续的球化处理。

3）用于普通结构零件或某些大型非合金钢工件的最终热处理，以代替调质处理，如铁道车辆的车轴就是采用正火作为最终热处理的。

4）用于淬火返修件，消除应力，细化组织，防止重新淬火时产生变形与开裂。

模块五 淬 火

淬火是指工件加热奥氏体化后以适当方式冷却获得马氏体或（和）贝氏体组织的热处理工艺。淬火时的临界冷却速度是指钢材获得马氏体的最低冷却速度。

马氏体是碳或合金元素在 α－Fe 中的过饱和固溶体，是单相亚稳定组织，硬度较高，用符号 M 表示。马氏体的硬度主要取决于马氏体中碳的质量分数。马氏体中由于溶入过多的碳原子，使 α－Fe 晶格发生畸变，增加其塑性变形抗力，故马氏体中碳的质量分数越高，其硬度也越高。

【史海探析】

公元前6世纪，钢铁兵器逐渐被采用，为了提高钢的硬度，淬火工艺逐渐得到发展。中国河北省易县燕下都出土的两把剑和一把戟，其显微组织中都有马氏体存在，说明出土的兵器是经过淬火处理的。

知识点一 淬火工艺

一、淬火的目的

淬火的目的主要是使钢件得到马氏体（或贝氏体）组织，提高钢件的硬度和强度，与回火工艺合理配合，获得需要的力学性能。重要的结构件，特别是在动载荷与摩擦力作用下的零件以及各种类型的工具等，都要进行淬火处理。

二、淬火工艺

1. 淬火加热温度

不同的钢种，其淬火加热温度不同。非合金钢的淬火加热温度可由 $Fe-Fe_3C$ 相图确定，如图 6-8 所示。为了防止奥氏体晶粒粗化，淬火温度不宜选得过高，一般只允许比临界点高 30～50℃。

亚共析钢淬火加热温度为 Ac_3 以上 30～50℃，因为在此温度范围内，可获得全部细小的奥氏体晶粒，淬火后得到均匀细小的马氏体组织。若加热温度过高，则引起奥氏体晶粒粗大，使钢材淬火后的性能变坏；若加热温度过低，则淬火组织中尚有未溶铁素体，使钢材淬火后的硬度不足。

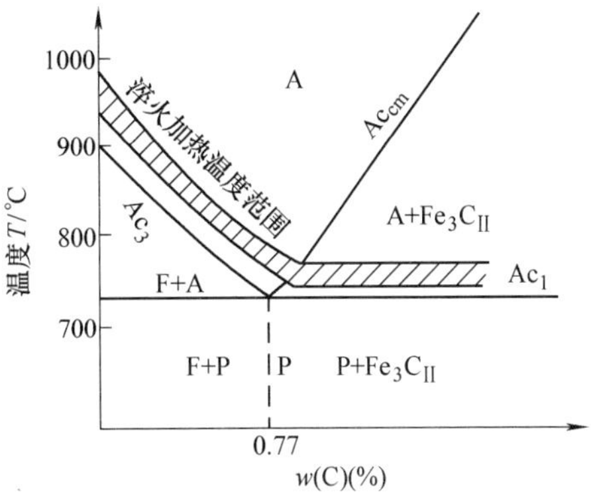

图 6-8 非合金钢淬火加热的温度范围

共析钢和过共析钢淬火加热温度为 Ac_1 以上 30～50℃，此时钢材中的组织为奥氏体加渗碳体颗粒，淬火后可获得细小马氏体和球状渗碳体，能保证钢材淬火后得到高硬度和高耐磨性。如果加热温度超过 Ac_{cm}，将导致渗碳体消失，奥氏体晶粒粗化，淬火后得到粗大针状马氏体，残余奥氏体量增多，硬度和耐磨性降低，脆性增大；如果淬火温度过低，可能得到非马氏体组织，则钢材的硬度达不到技术要求。

2. 淬火介质

淬火时为了得到足够的冷却速度，以保证奥氏体向马氏体转变，又不至于由于冷却速度过大而引起零件内应力增大，造成零件变形和开裂，应合理选用冷却介质。常用的淬火冷却介质有油、水、盐水、硝盐浴和空气等。

3. 淬火方法

根据钢材成分及对组织、性能和钢件尺寸精度的要求，在保证技术要求规定的前提下，应尽量选择简便、经济的淬火方法。下面介绍常用的淬火方法。

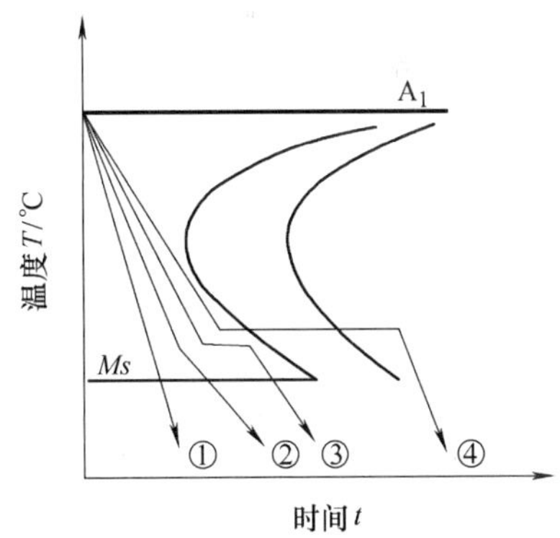

图 6-9 常用淬火方法示意图

①—单液淬火 ②—双液淬火 ③—马氏体分级淬火 ④—贝氏体等温淬火

（1）单液淬火 它是将已奥氏体化的钢件在一种淬火介质中冷却的方法，如图 6-9 中的图线①所示。例如，低碳钢和中碳钢在水中淬火，合金钢在油中淬火等就是单液淬火。单液淬火方法主要应用于形状简单的钢件。

（2）双液淬火 它是将工件加热奥氏体化后先浸入冷却能力强的介质中，在组织即将发生马氏体转变时立即转入冷却能力弱的介质中冷却的淬火方法，如图 6-9 中的图线②所示。例如，工件先在水中冷却，后在油中冷却就是典型的双液淬火。双液淬火主要适用于中等复杂形状的高碳钢工件和较大尺寸的合金钢工件。

（3）马氏体分级淬火 工件加热奥氏体化后浸入温度稍高于或稍低于 *Ms* 点的盐浴或碱浴中，保持适当时间，在工件整体达到冷却介质温度后取出空冷以获得马氏体组织的淬火方法，称为马氏体分级淬火，如图 6-9 中的图线③所示。马氏体分级淬火能够减小工件中的热应力，并缓和相变时产生的组织应力，减少淬火变形。马氏体分级淬火适用于尺寸比较小、形状复杂的工件。

（4）贝氏体等温淬火　工件加热奥氏体化后快速冷却到贝氏体转变温度区间等温保持，使奥氏体转变为贝氏体的淬火方法，称为贝氏体等温淬火，如图6-9中的图线④所示。贝氏体等温淬火的特点是在淬火后，工件的淬火应力与变形较小，具有较高的韧性、塑性、硬度和耐磨性。贝氏体等温淬火适用于各种中碳钢、高碳钢和合金钢制造的小型复杂工件的热处理。

4. 冷处理

冷处理是指钢件淬火冷却到室温后，继续在制冷设备或低温介质中冷却的工艺。冷处理的主要目的是消除和减少残余奥氏体，稳定钢件尺寸，获得更多的马氏体。如精密刀具、精密量具、精密轴承、精密丝杠、枪杆等，均应在淬火之后进行冷处理，以消除残余奥氏体，稳定钢件尺寸。

知识点二　钢的淬透性与淬硬性

钢的淬透性是评定钢淬火质量的一个重要参数，它对于选择钢材、编制热处理工艺具有重要意义。在规定条件下以钢试样淬硬深度和硬度分布特征表征的材料特性，称为淬透性。换句话说，淬透性是钢材的一种属性，是钢材淬火时获得马氏体的能力。对于亚共析钢，随着碳的质量分数的提高，其淬透性提高；对于过共析钢，随着碳的质量分数的提高，其淬透性降低。

钢材淬火后可以获得较高硬度，不同化学成分的钢材淬火后所得到的马氏体组织的硬度值是不相同的。以钢在理想条件下淬火所能达到的最高硬度来表征的材料特性称为淬硬性。淬硬性主要取决于钢材中碳的质量分数，合金元素含量对淬硬性的影响较小，更确切地说，它取决于淬火加热时固溶于奥氏体中的碳的多少。奥氏体中碳的质量分数越高，钢材的淬硬性越高，淬火后硬度值也越高。

由于淬硬性和淬透性是两个不同的概念，因此必须注意，淬火后硬度高的钢，不一定淬透性就好；淬火后硬度低的钢，不一定淬透性就差。

【史海探析】

相传蒲元是三国时期的造刀高手。据宋《太平御览》记载，蒲元曾在今陕西斜谷为诸葛亮造刀3000把。他造的刀被誉为神刀。蒲元造刀的主要诀窍在于掌握了精湛的钢刀淬火技术。他能够辨别不同水质对淬火质量的影响，并且选择冷却速度大的蜀江水（今四川成都）把钢刀淬到合适的硬度。这说明中国在古代就发现了冷却介质对淬火质量的影响，发现了不同水质的冷却能力不同。

知识点三　淬火缺陷

工件在淬火加热和冷却过程中，由于加热温度高、冷却速度快，很容易产生某些缺陷。因此，在热处理生产过程中采取措施减少各种缺陷，对提高产品质量具有重要的实际意义。

一、过热与过烧

工件加热温度偏高，使晶粒过度长大，导致工件力学性能显著降低的现象称为过热。钢件过热后，形成的粗大奥氏体晶粒可以通过正火和退火来消除。

工件加热温度过高，导致晶界氧化和部分熔化的现象称为过烧。过烧钢件淬火后强度低、脆性大，无法进行补救，只能报废。

过热和过烧主要是由于加热温度过高或高温下保温时间过长引起的。因此，合理确定加热规范，严格控制加热温度和保温时间，可以防止过热和过烧现象。

二、氧化与脱碳

工件加热时，介质中的氧、二氧化碳、水蒸气等与工件反应生成氧化物的过程称为氧化。工件加热时介质与工件中的碳发生反应，使工件表层碳的质量分数降低的现象称为脱碳。

氧化使钢件表面烧损，增大表面粗糙度值，减小钢件尺寸，甚至导致钢件报废。脱碳使钢件表面碳的质量分数降低，使其力学性能下降，容易引起钢件早期失效。

防止氧化与脱碳的措施主要有两大类：第一类是控制加热介质的化学成分和性质，使之与钢件不发生氧化与脱碳反应，如采用可控气氛、氮基气氛等；第二类是对钢件表面进行涂层保护和真空加热。

三、硬度不足和软点

钢件淬火后较大区域内硬度达不到技术要求，称为硬度不足。加热温度过低或保温时间过短；淬火介质冷却能力不够；钢件表面氧化脱碳等，均容易使钢件淬火后达不到要求的硬度值。

钢件淬火硬化后，其表面存在许多小区域的硬度达不到技术要求的现象，称为软点。

工件产生硬度不足和大量软点后，经退火或正火后，重新进行适当的淬火，可消除钢件表面的硬度不足和大量的软点。

四、变形和开裂

变形是淬火时钢件产生形状或尺寸偏差的现象。开裂是淬火时钢件表层或内部产生裂纹的现象。钢件产生变形与开裂的主要原因是钢件在热处理过程中其内部产生了较大的内应力（包括热应力和相变应力）。

热应力是指钢件加热和（或）冷却时，由于不同部位出现温差而导致热胀和（或）冷缩不均所产生的内应力。相变应力是热处理过程中，因钢件不同部位组织转变不同步而产生的内应力。

钢件在淬火时，热应力和相变应力同时存在，这两种应力总称为淬火应力。当淬火应力大于钢的屈服强度时，钢件就发生变形；当淬火应力大于钢件的抗拉强度时，钢件就产生开裂。

为了减少钢件淬火时产生的变形和开裂现象，可以从两个方面采取措施：第一，淬火时选择合适的加热温度、保温时间和冷却方式，可以有效地减少钢件的变形和开裂现象；第二，淬火后及时进行回火处理。

模块六 回 火

回火是指工件淬硬后，加热到 Ac_1 以下的某一温度，保温一定时间，然后冷却到室温的热处理工艺。淬火钢的组织主要由马氏体和少量残余奥氏体组成（有时还有未溶碳化物），其内部存在很大的内应力，脆性大，韧性低，一般不能直接使用，如不及时消除，会引起工件的变形，甚至开裂。回火的目的是消除和减小内应力，稳定组织，调整工件性能以获得较好的强度和韧性。回火是在淬火之后进行的，通常也是零件进行热处理的最后一道工序。

知识点一 钢材在回火时组织和性能的变化

淬火钢材中的马氏体与残余奥氏体都是不稳定组织，它们具有自发地向稳定组织转变的趋势，如马氏体中过饱和的碳要析出、残余奥氏体要分解等。回火就是为了促进这种转变，因为回火是一个由非平衡组织向平衡组织转变的过程，这个过程是依靠原子的迁移和扩散进行的。所以，回火温度越高，原子的扩散速度越快；反之，原子的扩散速度越慢。

随着回火温度的升高，淬火组织将发生一系列变化，根据组织转变情况，回火时的组织转变过程一般分为四个阶段：马氏体分解、残余奥氏体分解、碳化物转变、碳化物的聚集长大与铁素体的再结晶。

1. 回火第一阶段（≤200℃）——马氏体分解

在 80℃以下温度回火时，淬火钢中没有明显的组织转变，此时只发生马氏体中的碳原子偏聚现象，而没有开始分解。在 80～200℃回火时，马氏体开始分解，析出极细微的碳化物，使马氏体中碳的质量分数降低。

在这一阶段中，由于回火温度较低，马氏体中仅析出了一部分过饱和的碳原子，所以它仍是碳在 α－Fe 中的过饱和固溶体。析出的极细微碳化物，均匀分布在马氏体基体上。这种过饱和度较低的马氏体和极细微碳化物的混合组织称为回火马氏体（M′）。

2. 回火第二阶段（200～300℃）——残余奥氏体分解

当温度升至 200～300℃范围时，马氏体分解继续进行，但占主导地位的转变已是残余奥氏体的分解过程了。残余奥氏体分解是通过碳原子的扩散先形成偏聚区，进而分解为 α 相和碳化物的混合组织，即形成下贝氏体（或回火马氏体）。此阶段钢材的硬度没有明显降低。

3. 回火第三阶段（250～400℃）——碳化物转变

此温度范围由于温度较高，碳原子的扩散能力较强，铁原子也恢复了扩散能力，马氏体分解和残余奥氏体分解析出的过渡碳化物将转变为较稳定的渗碳体。随着碳化物的析出和转变，马氏体中碳的质量分数不断降低，马氏体的晶格畸变消失，马氏体转变为铁素体，得到铁素体基体内分布着细小粒状（或片状）的碳化物组织，该组织称为回火托氏体（T′）。此阶段淬火应力基本消除，钢材的硬度有所下降，塑性、韧性得到提高。

4. 回火第四阶段（＞400℃）——碳化物的聚集长大与铁素体的再结晶

由于回火温度已经很高，碳原子和铁原子均具有较强的扩散能力，第三阶段形成的渗碳体薄片将不断球化并长大。在500～600℃以上时，α相逐渐发生再结晶，使铁素体形态失去原来的板条或片状，形成多边形晶粒，此时组织为铁素体基体上分布着粒状碳化物，该组织称为回火索氏体（S′），具有良好的综合力学性能。此阶段组织中的内应力和晶格畸变完全消除。

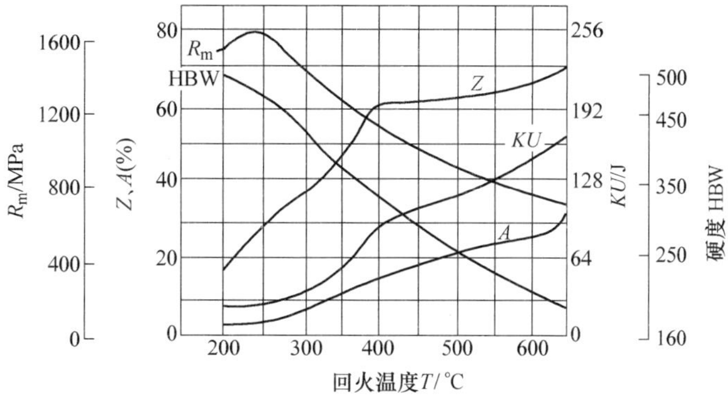

图6-10　40钢回火后其力学性能与温度的关系

由图6-10可以看出，淬火钢材随回火温度的升高，强度、硬度降低而塑性与韧性提高。

知识点二　回火方法及其应用

回火是最终热处理，根据钢材在回火过程中的温度范围进行分类，可将回火分为低温回火、中温回火和高温回火。

1. 低温回火

低温回火的温度范围为250℃以下。经低温回火后钢材获得的组织为回火马氏体（M′）。回火马氏体保持了淬火组织的高硬度和高耐磨性，降低了淬火应力，减小了钢的脆性。低温回火后钢的硬度一般为58～62HRC。低温回火主要用于高碳钢、合金工具钢制造的刃具、量具、冷作模具、滚动轴承及渗碳件、表面淬火件等。

2. 中温回火

中温回火的温度范围为250～500℃。淬火钢经中温回火后获得的组织为回火托氏体（T′），降低了淬火应力，使工件获得高弹性和高屈服强度，并具有一定的韧性。经中温回火后钢材的硬度一般为35～50HRC。中温回火主要用于处理弹性元件，如各种卷簧、板簧、弹簧钢丝等。对于有些受小能量多次冲击载荷的结构件，为了提高强度，增加小能量多次冲击抗力，也采用中温回火。

3. 高温回火

高温回火的温度范围为500℃以上。淬火钢经高温回火后获得的组织为回火索氏体（S′），淬火应力可完全消除，强度较高，有良好的塑性和韧性，即具有良好的综合力学性能。经高温回火后钢材的硬度一般为200～330HBW。另外，钢件进行淬火加高温回火的复合热处理工艺又称为调质处理，主要用于处理轴类、连杆、螺栓、齿轮等工件。同时，钢件经过调质处理后，不仅具有较高的强度和硬度，而且塑性和韧性也显著比经正火处理后高。因此，一些重要的零件一般都采用调质处理，而不采用正火处理。

调质处理一般作为最终热处理，但由于调质处理后钢的硬度不高，又便于切削加工，并能得到较好的表面质量，故也可作为表面淬火和化学热处理的预备热处理。

模块七　表面热处理与化学热处理

在生产中有些零件如齿轮、花键轴和活塞销等，要求表面具有高硬度和耐磨性，心部具备一定的强度和足够的韧性。在这种情况下，要达到上述要求，单从材料方面去解决是很困难的。如果选用高碳钢，淬火后虽然硬度很高，但心部韧性不足，不能满足特殊需要；如果采用低碳钢，虽然心部韧性好，但表面硬度和耐磨性均较低，也不能满足特殊需要。这时就需要考虑对零件进行表面热处理或化学热处理，以满足上述特殊要求。

知识点一　表面热处理

表面热处理是为改变工件表面的组织和性能，仅对其表面进行热处理的工艺，表面淬火是最常用的表面热处理。

表面淬火是指仅对工件表层进行淬火的工艺。其目的是使工件表面获得高硬度和高耐磨性，而心部保持较好的塑性和韧性，以提高其在扭转、弯曲等循环应力或在摩擦、冲击、接触应力等工作条件下的使用寿命。表面淬火不改变工件表面的化学成分，而是采用快速加热方式，使工件表层迅速奥氏体化，使心部仍处于临界点以下，并随之淬火，从而使工件表面硬化。按加热方法的不同，表面淬火方法主要有感应淬火、火焰淬火、接触电阻加热淬火等。目前生产中应用最多的是感应淬火。

一、感应淬火

利用感应电流通过工件所产生的热效应，使工件表面、局部或整体加热并进行快速冷却的淬火工艺，称为感应淬火。

1. 感应淬火的基本原理

当将一个用薄壁纯铜管制作的感应器（或线圈）通以交流电时，就会在感应器内部和周围产生与电流频率相同的交变磁场。此时如果将工件置于交变磁场中，工件受交变磁场的影响，将产生与感应器频率相同的交变感应电流，并在工件中形成一闭合回路，称为涡流。但是，涡流在工件内的分布是不均匀的，表面密度大、心部密度小。通入感应器线圈的电流频率越高，涡流越集中于工件的表层，这种现象称为趋肤效应。依靠感应电流产生的热效应，可以使工件表层在几秒钟内快速加热到淬火温度，然后迅速喷水冷却，就可以淬硬工件表层，这就是感应淬火的基本原理，如图 6-11 所示。

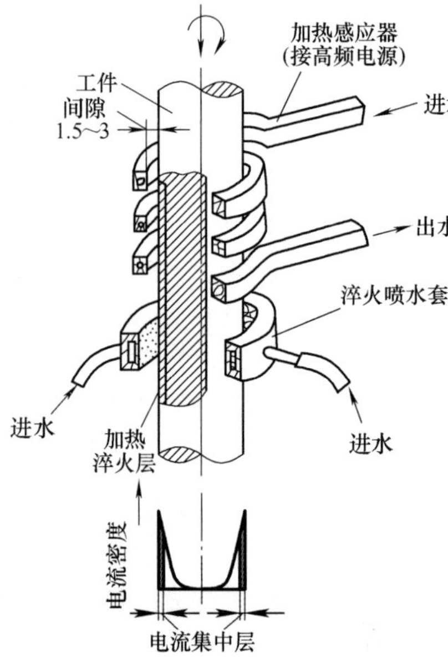

图 6-11　感应淬火基本原理示意图

2. 感应淬火的特点

感应淬火与普通淬火相比具有如下特点。

1）加热时间短，工件基本无氧化和脱碳现象，而且变形小；奥氏体晶粒细小，淬火后可以获得细小马氏体组织，使工件表层硬度比一般淬火工艺的硬度高 2 ~3HRC，且脆性较低；工件表面经感应淬火后，在淬硬的表面层中存在较大的残余压应力，可以提高工件的疲劳强度。

2）加热速度快，热效率高，生产率高，易实现机械化、自动化，适于大批量生产。

3）感应淬火设备投资大，维修调试比较困难。

3. 感应淬火的应用

感应淬火主要用于中碳钢（40 钢、45 钢等）和中碳合金钢（40Cr 钢、40MnB 钢等）制造的工件的表面热处理。淬火时工件表面加热深度主要取决于电流频率。生产上通过选择不同的电流频率来获得不同的淬硬层深度。

根据电流频率不同，感应淬火分为三类：高频感应淬火、中频感应淬火和工频感应淬火。表 6-3 为感应淬火的应用。

表 6-3　感应淬火的应用

分类	频率范围/kHz	淬火深度/mm	适用范围
高频加热	50 ~300	0.3 ~2.5	中小型轴、销、套等圆柱形零件，小模数齿轮
中频加热	1 ~10	3 ~10	尺寸较大的轴类，大、中模数齿轮
工频加热	0.05	10 ~20	大型零件（ >ϕ300mm）表面淬火或棒料穿透加热

工件经感应淬火后，需要进行低温回火，以降低淬火应力。但感应淬火后的低温回火温度比普通低温回火温度稍低。生产中有时采用自热回火法，即当淬火冷至 200℃左右时停止喷水，利用工件中的余热量达到回火的目的。

感应淬火零件的工艺路线一般如下：

毛坯锻造（或轧材下料）→退火或正火→粗加工→调质→精加工→感应淬火→低温回火→磨削加工。

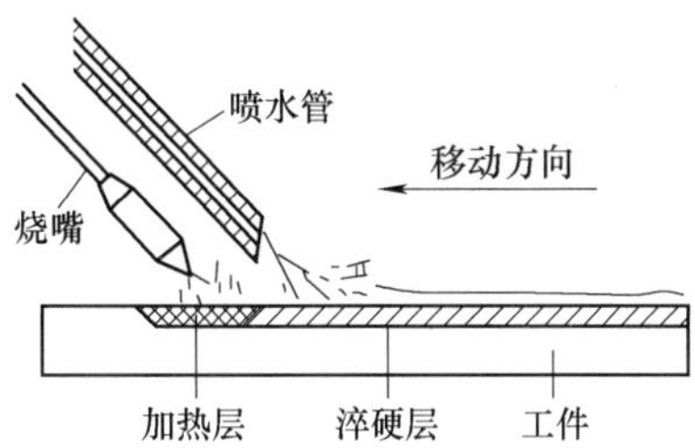

图 6-12　火焰淬火示意图

二、火焰淬火

火焰淬火是利用乙炔 – 氧或其他可燃气燃烧的火焰对工件表层进行加热，随之快速冷却的淬火工艺，如图 6-12 所示。

火焰淬火的淬硬层深度一般为 2 ~6mm，若淬硬层过深，往往会引起工件表面产生过热，甚至产生变形与裂纹。

火焰淬火操作简便，不需要特殊设备，生产成本低。但其生产率低，工件表面容易过热，质量难以控制，因此应用范围受到了一定限制，主要用于单件或小批量生产的各种齿轮、轴、轧辊等的表面淬火。

知识点二　化学热处理

化学热处理是将工件置于适当的活性介质中加热、保温，使一种或几种元素渗入到它的表层，以改变其化学成分、组织和性能的热处理工艺。化学热处理与表面淬火相比，其特点是表层不仅有组织的变化，而且有化学成分的变化。

化学热处理方法很多，通常以渗入元素来命名，如渗碳、渗氮、碳氮共渗、渗硼、渗硅、渗金属等。由于渗入的元素不同，工件表面处理后获得的性能也不相同。渗碳、渗氮、碳氮共渗是以提高工件表面硬度和耐磨性为主的；渗金属的主要目的是提高耐蚀性和抗氧化性等。

化学热处理由分解、吸收和扩散三个基本过程所组成。即渗入介质在高温下通过化学反应进行分解，形成渗入元素的活性原子；渗入元素的活性原子被钢件表面吸附，进入晶格内形成固溶体或形成化合物；被吸附的渗入原子由钢件表层逐渐向内扩散，形成一定深度的扩散层。目前在机械制造业中，最常用的化学热处理是渗碳、渗氮和碳氮共渗。

一、渗碳

为提高工件表层碳的质量分数并在其中形成一定的碳含量梯度，将工件在渗碳介质中加热、保温，使碳原子渗入的化学热处理工艺称为渗碳。

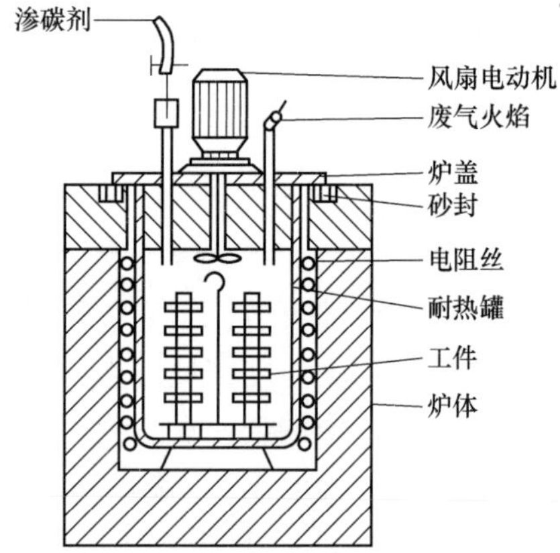

图 6-13　气体渗碳示意图

渗碳所用钢种一般是碳的质量分数为 0.10% ~ 0.25% 的低碳钢和低合金钢，如 15 钢、20 钢、20Cr 钢、20CrMnTi 钢等。经渗碳后的工件，都要进行淬火和低温回火，使工件表面获得高硬度（56 ~ 64HRC）、高耐磨性和高疲劳强度，而心部仍保持一定的强度和良好的韧性。渗碳广泛应用于要求表面硬而心部韧的工件上，如齿轮、凸轮轴和活塞销等。

根据渗碳时介质的物理状态不同，渗碳可分为气体渗碳、固体渗碳和液体渗碳，其中气体渗碳应用最广泛。气体渗碳是工件在气体渗碳介质中进行的渗碳工艺。它是将工件放入密封的加热炉中（如井式气体渗碳炉），通入气体渗碳剂进行的渗碳，如图 6-13 所示。

渗碳零件的加工工艺路线一般如下：

毛坯锻造（或轧材下料）→正火→粗加工、半精加工→渗碳→淬火→低温回火→精加工（磨削加工）。

【史海探析】

中国出土的西汉（公元前 206 年 ~ 公元 24 年）中山靖王墓中的宝剑，其心部碳的质量分数为 0.15% ~0.4%，而其表面碳的质量分数却达 0.6% 以上，说明当时已应用了渗碳工艺。但是当时人们将渗碳工艺作为个人“手艺”，秘密而不传，因而影响了渗碳工艺的广泛应用和发展。

二、渗氮

在一定温度下于一定介质中，使氮原子渗入工件表层的化学热处理工艺称为渗氮。渗氮的目的是提高工件表层的硬度、耐磨性、热硬性、耐蚀性和疲劳强度。

渗氮处理广泛应用于各种高速传动的精密齿轮、高精度机床主轴、循环应力作用下要求高疲劳强度的零件（如高速柴油机曲轴）以及要求变形小和具有一定耐热、耐腐蚀能力的耐磨零件（如阀门）等。但是渗氮层薄而脆，不能承受冲击和振动，而且渗氮处理生产周期长，生产成本较高。钢件渗氮后不需淬火就可达到 68～72HRC 的硬度。目前常用的渗氮方法主要有气体渗氮和离子渗氮两种。

零件不需要渗氮的部分应镀锡或镀铜保护，也可预留 1mm 的余量，在渗氮后磨去。

渗氮工件的加工工艺路线一般如下：

毛坯锻造→退火→粗加工→调质→精加工→去应力退火→粗磨→镀锡（非渗氮面）→渗氮→精磨或研磨。

三、碳氮共渗

在奥氏体状态下同时将碳、氮原子渗入工件表层，并以渗碳为主的化学热处理工艺称为碳氮共渗。根据共渗温度不同，碳氮共渗可分为低温（520～580℃）碳氮共渗、中温（760～880℃）碳氮共渗和高温（900～950℃）碳氮共渗。碳氮共渗的目的主要是提高工件表层的硬度和耐磨性。

模块八　热处理新技术简介

知识点一　形变热处理

形变热处理是将塑性变形和热处理相结合，以提高工件力学性能的复合工艺。工件经形变热处理后，可以获得形变强化和相变强化的综合效果。这种工艺既可提高钢的强度，改善其塑性和韧性，又可节能，因此在生产中得到了广泛的应用。通常形变热处理分为高温形变热处理和中温形变热处理两类。例如，在高温形变热处理中，将钢材加热至 Ac_3 以上，获得奥氏体组织，保持一定时间后进行形变，随后马上淬火获得马氏体组织，然后在适当温度回火，即可获得很高的强韧性，如图 6-14 所示。钢材形变热处理后一般强度可提高 10%～30%，塑性提高 40%～50%，冲击韧性提高 1～2 倍，并使钢材具有较高的抗脆断能力。该工艺已广泛用于结构钢、工具钢工件，用于工件进行锻后余热淬火、热轧淬火等工艺。

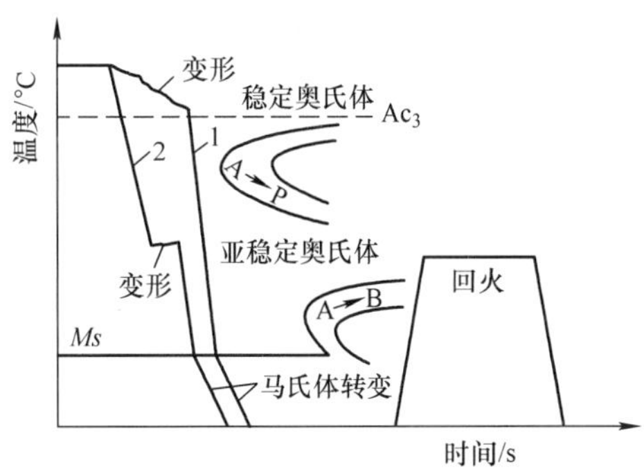

图 6-14　形变热处理工艺示意图

1—高温形变热处理　2—中温形变热处理

知识点二　真空热处理

在低于一个大气压（10^{-3}～10^{-1}Pa）的环境中加热的热处理工艺，称为真空热处理。

所谓真空加热，就是在稀薄空气中加热，在这种空气中氧的分压很低，钢件表面氧化很轻，几乎难于察觉，故真空热处理可以避免氧化、脱碳，达到光亮热处理的目的。真空热处理的特点如下：

1）真空加热缓慢而且均匀，故热处理变形小。

2）提高工件表面的力学性能，延长工件的使用寿命。

3）节省能源，减少污染，劳动条件好。

4）真空热处理设备造价较高，目前多用于工具、模具及精密零件的热处理。

知识点三　可控气氛热处理

为了使钢件表面达到无氧化、无脱碳或按要求增碳的目的，钢件在炉气化学成分可控的加热炉中进行的热处理称为可控气氛热处理。它的主要目的是减少和防止钢件加热时的氧化和脱碳，提高钢件尺寸精度和表面质量，节约钢材，控制渗碳时渗层的碳的质量分数，而且还可使脱碳钢件重新复碳。

可控气氛热处理设备通常由制备可控气氛的发生器和进行热处理的加热炉两部分组成，目前应用较多的是吸热式气氛、放热式气氛及滴注式气氛等。

知识点四　激光热处理

激光是一种具有极高能量密度、高亮度和方向性稳定的强光源。激光热处理就是以激光作为能源，以极快的速度加热工件的自冷淬火。

激光淬火具有工件处理质量高、表面光洁、变形极小且无工业污染、易实现自动化的特点。激光淬火适用于各种复杂工件的表面淬火，还可以进行工件局部表面的合金化处理等。但是，激光器价格昂贵，生产成本较高，故其应用受到了一定限制。同时，激光淬火在生产过程中不够安全，容易对人的眼睛造成危害，操作时要注意安全。

知识点五　电子束淬火

电子束淬火是以电子束作为热源，以极快的速度加热工件的自冷淬火。电子束的能量远高于激光，而且其能量利用率也高于激光热处理，能量利用率可达80%。此外，电子束表面淬火质量高，淬火过程中工件基体性能几乎不受影响，因此电子束淬火是很有前途的热处理新技术。

模块九　热处理工艺实训

知识点一　热处理实训安全须知

1）熟悉热处理车间的设施与设备，熟悉安全操作规程，避免违章作业。

2）工件应正确捆绑，钳子大小要正确选用，以免在操作中工件掉落伤人。

3）使用热处理电阻炉时，工件装炉、出炉时应先断电源，以防发生触电事故。

4）穿戴好防护用品，在不了解现场实际情况时，热处理车间内的工件、夹具、设备等不要轻易用手触摸，以防烫伤。

5）不要随意接触热处理车间内的酸、碱、盐等化学试剂、药品和易燃易爆物品，以防发生意外事故。

6）从热处理炉中夹持工件时，每个人都要按事先安排好的顺序夹取工件，以免操作中工件相互碰撞或烫伤人。

知识点二 热处理工艺操作

一、热处理工艺参数的确定

1. 热处理工件加热温度的确定

加热温度按热处理工件的材质及技术要求进行设定。形状简单的非合金钢、低碳合金钢工件加热时，可在炉温达到规定温度时装炉，进行快速加热；形状复杂的中碳钢（或高碳合金钢）制作的工件，如果加热速度过快，工件内部会产生较大的热应力，因此一般采用低温装炉，限速加热。炉内装料一般不超过炉膛体积的1/3，加热炉中装入工件时，工件之间要保持一定的间隙，以免影响加热质量；高碳钢工件加热时，工件的周围还应放置木炭粉、铸铁屑等进行保护，以防工件表面发生严重的氧化及脱碳现象。

2. 热处理工件保温时间的计算

保温时间是指炉温达到预定温度，保持这一温度持续加热，使得工件内部组织得以充分转变的时间。在实际操作中，通常是先将加热炉升到所确定的加热温度，然后再将钢件装入炉内，此时炉温会略下降，等待炉温重新升到所确定的加热温度时，开始计算保温时间。影响保温时间的因素很多，在现场一般采用下列经验公式近似地估算保温时间

$$t = \alpha KD$$

式中 t——保温时间，单位为min；

α——加热系数（表6-4），单位为min/mm；

K——装炉修正系数，一般为1，密集堆放时取2；

D——钢件的有效厚度（图6-15），单位为mm。

表6-4 钢在不同加热介质中的加热系数 α

钢材类别	钢件直径/mm	加热系数 α/(min/mm)	
		空气炉中加热（<900℃）	盐浴炉中的加热（750～850℃）
非合金钢	≤50	1.0～1.2	0.30～0.40
	>50	1.2～1.5	0.40～0.50
低合金钢	≤50	1.2～1.5	0.45～0.50
	>50	1.5～1.8	0.50～0.55

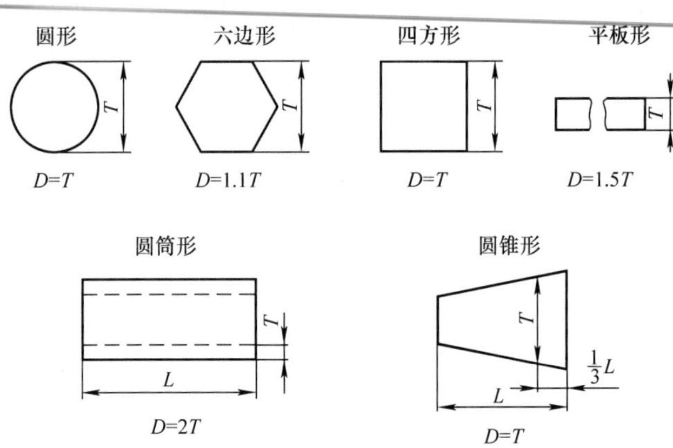

图 6-15 热处理工件加热时有效厚度 D 的计算示例

大批量生产时，保温时间可以通过试验来准确确定，以保证工件热处理质量的稳定。

3. 热处理工件的冷却方式

退火的冷却方式一般是随炉冷却；正火的冷却方式是在空气中冷却；淬火的冷却是在冷却槽或盐浴中进行的，而且冷却介质要根据工件材质和力学性能要求的不同来选择；回火的冷却一般是在空气中或油中进行。

非合金钢工件淬火冷却时，一般在水溶性介质（如盐水）中冷却；合金钢工件一般在油中冷却；某些中等淬透性的碳素工具钢则采用“双介质”冷却，即先在水中冷却一段时间，然后再放入油中冷却。冷却时为防止冷却不均匀，工件要不断地在冷却介质中摇动，必要时冷却介质还要进行循环流动。

工件浸入冷却介质中的方式对热处理的质量也有直接影响。如果工件浸入冷却介质中的方式不对，很容易使工件产生翘曲变形、硬度偏低以及开裂等现象。工件淬火时浸入冷却介质中的正确方式如图 6-16 所示，具体操作要求如下：

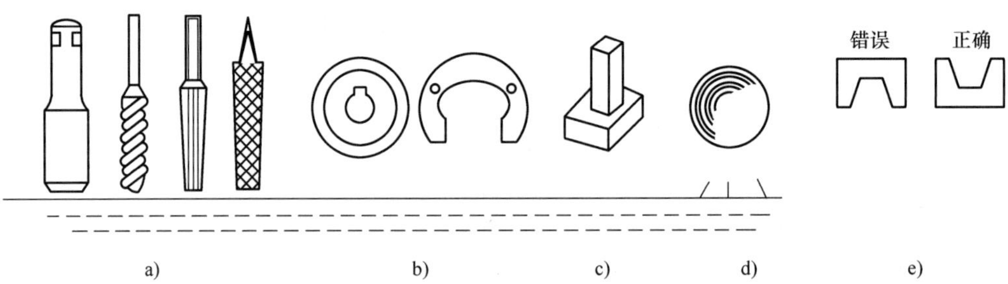

图 6-16 工件淬火时浸入冷却介质中的正确方式

1）细长工件和扁平工件应竖直浸入，如图 6-16a 和图 6-16b 所示。

2）厚薄悬殊的工件应是厚壁部分先浸入，如图 6-16c 所示。

3）有凹槽的工件应该是槽口向上浸入，如图 6-16e 所示。

4）对于一些形状复杂的工件，如果有必要，淬火冷却时还要进行固定。

4. 热处理工件的质量检验

工件热处理后，必须进行质量检验，其内容包括以下几项。

（1）金相组织检验　工件热处理后，要参照有关技术要求对其进行金相组织检验，鉴定其热处理后的金相组织（如晶粒度、碳化物分布等）是否符合要求。

（2）变形与开裂检验 主要是检查热处理后工件的变形是否在所要求的尺寸范围内，是否发生开裂。如果部分工件的尺寸变形超过规定的范围或发生开裂，就需要仔细分析原因，对热处理工艺进行合理的调整和控制，减少变形与开裂。

（3）氧化及脱碳检验 氧化可通过工件外表面的观察进行检验；脱碳可利用金相显微镜对试样进行检验。

（4）硬度检测 硬度的检测一般要用硬度计来进行，对于要求不高的工件，也可利用锉刀锉削工件表面的吃刀和打滑程度来粗略估计其硬度。锉刀的硬度在60HRC以上，锉动时手的感觉与工件的硬度值大小有关，见表6-5。

表6-5 锉刀锉动时手的感觉与工件硬度的关系

锉刀锉动时手的感觉	工件估计硬度值 HRC
锉刀很容易吃进，锉屑多	30 以下
锉刀稍用力即可锉动	30 ~ 40
锉刀已不太容易锉动	50 ~ 55
锉刀用力仅能锉动一点	55 ~ 60
锉刀打滑	60 以上

二、小锤子工件的热处理操作

小锤子工件的外形、尺寸和技术要求如图6-17所示。

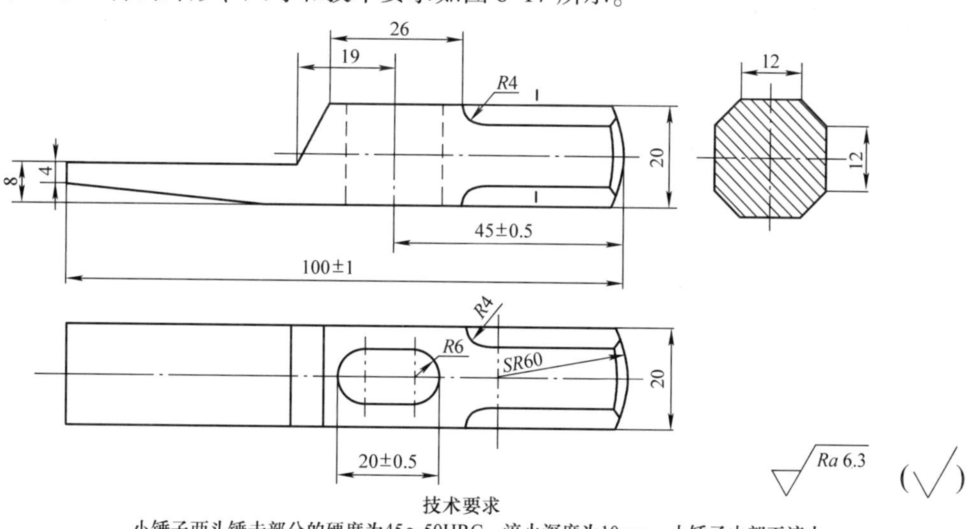

图6-17 小锤子工件的外形图和技术要求

1. 小锤子工件的两种热处理方法

方法一：整体加热淬火。将小锤子放在电阻炉中（或手锻炉中）加热至800 ~ 860℃，保温20min，取出小锤子后在冷水中连续掉头淬火，小锤子两端各浸入水中15 ~ 20mm深度，待工件发黑后全部浸入水中。淬火结束后进行回火，回火温度为250 ~ 270℃，保温时间为90min。

方法二：局部加热淬火。在距小锤子小端约15mm范围内，用氧乙炔焰，将小锤子小端加热至淡樱红色，然后淬入水中。取出小锤子后掉头，其小端仍然浸入水中，其大端朝上露出水面15～20mm，再用氧乙炔焰将小锤子大端加热至樱红色，然后将其迅速下浸在水中淬火。取出小锤子后，在回火炉中对其进行回火，回火温度为250～270℃，保温时间为90min。

2. 小锤子工件的热处理质量检验

利用硬度计检查小锤子两端的硬度是否符合要求。如果没有硬度计，可用新的细锉刀在小锤子淬火部位进行锉削，估计硬度值。

【综 合 训 练】

一、名词解释

1. 热处理 2. 等温转变 3. 连续冷却转变 4. 马氏体 5. 退火 6. 正火 7. 淬火 8. 回火 9. 表面热处理 10. 真空热处理 11. 渗碳 12. 渗氮

二、填空题

1. 整体热处理分为________、________、________和________等。

2. 根据加热方法的不同，表面淬火方法主要有____________淬火、____________淬火、________淬火等。

3. 化学热处理方法较多，通常以渗入元素命名，如________、________、________和________等。

4. 热处理工艺过程由________、________和________三个阶段组成。

5. 共析钢在等温转变过程中，其高温转变产物有________、________和________。

6. 贝氏体分________和________两种。

7. 淬火方法有________淬火、________淬火、________淬火和________淬火等。

8. 常用的退火方法有________、________和________等。

9. 常用的冷却介质有________、________、________等。

10. 常见的淬火缺陷有________与______、______与________、________与________、________与________等。

11. 感应淬火按电流频率的不同可分为________感应淬火、________感应淬火和______感应淬火。而且，感应加热电流频率越高，淬硬层越________。

12. 按回火温度范围进行分类，可将回火分为________回火、________回火和________回火三种。

13. 化学热处理是由________、________和________三个基本过程所组成的。

14. 根据渗碳时介质的物理状态不同，渗碳方法可分为________渗碳、________渗碳和________渗碳三种。

三、选择题

1. 过冷奥氏体是________温度下存在，尚未转变的奥氏体。

A. Ms　　B. Mf　　C. A_1

2. 过共析钢的淬火加热温度应选择在__________，亚共析钢的淬火加热温度应选择在

________。

A. $Ac_1+30\sim50$℃　　B. Ac_{cm}以上　　C. $Ac_3+30\sim50$℃

3. 调质处理就是________的热处理。

A. 淬火 + 低温回火　　B. 淬火 + 中温回火　　C. 淬火 + 高温回火

4. 化学热处理与其他热处理方法的基本区别是________。

A. 加热温度　　B. 组织变化　　C. 改变表面化学成分

5. 零件渗碳后，一般需经________处理，才能达到表面高硬度和高耐磨性的目的。

A. 淬火 + 低温回火　　B. 正火　　C. 调质

四、判断题

1. 淬火后的钢，随回火温度的增高，其强度和硬度也增高。(　　)

2. 钢的最高淬火硬度主要取决于钢中奥氏体的碳的质量分数。(　　)

3. 钢中碳的质量分数越高，其淬火加热温度越高。(　　)

4. 高碳钢可用正火代替退火，以改善其可加工性。(　　)

5. 钢的晶粒因过热而粗化时，就有变脆倾向。(　　)

6. 热应力是指钢件加热和（或）冷却时，由于不同部位出现温差而导致热胀和（或）冷缩不均所产生的内应力。(　　)

7. 保温时间是指炉温达到预定温度，保持这一温度持续加热，使得工件内部组织得以充分转变的时间。(　　)

五、简答题

1. 指出Ac_1、Ac_3、Ac_{cm}；Ar_1、Ar_3、Ar_{cm}及A_1、A_3、A_{cm}之间的关系。

2. 简述共析钢过冷奥氏体在$A_1\sim Mf$温度范围内的不同温度等温时的转变产物及性能。

3. 奥氏体、过冷奥氏体与残余奥氏体三者之间有何区别？

4. 完全退火、球化退火与去应力退火在加热温度、室温组织和应用上有何不同？

5. 正火和退火有何异同？试说明二者的应用有何不同。

6. 今有经退火后的45钢，室温组织为F + P，在700℃、760℃、840℃分别进行加热，保温一段时间后水冷，所得到的室温组织各是什么？

7. 淬火的目的是什么？亚共析钢和过共析钢的淬火加热温度应如何选择？

8. 回火的目的是什么？工件淬火后为什么要及时回火？

9. 叙述常见的三种回火方法所获得的室温组织、性能及其应用。

10. 渗碳的目的是什么？为什么渗碳后要进行淬火和低温回火？

11. 用低碳钢（20钢）和中碳钢（45钢）制造齿轮，为了使表面具有高硬度和高耐磨性，心部具有一定的强度和韧性，各需采取怎样的热处理工艺？

六、课外讨论题

通过相互交流和讨论，谈谈热处理在日常生活和生产中的应用，必要时可以生活用品和生产中的实际零件为实例，对其材质、热处理工艺及其所需性能进行综合分析，以提高自己对实际问题的分析能力，并加深对所学知识的理解和应用。

第七单元 低合金钢与合金钢

【学习目标】

本单元主要介绍合金元素在钢材中的作用以及低合金钢与合金钢的分类、性能和应用等。在学习过程中，第一，要准确认识合金钢与非合金钢的关系和区别；第二，要特别理解和认识合金钢的分类、性能、热处理方法和应用之间的一般关系，而且还要积累典型材料、零件、热处理方法和应用之间的感性知识。

为了改善钢材的某些性能或使之具有某些特殊性能（如耐腐蚀、抗氧化、耐磨、高的热硬性、高淬透性等），在炼钢时有意加入的元素，称为合金元素。含有一种或数种有意添加的合金元素的钢材，称为合金钢。钢材中加入的合金元素主要有硅（Si）、锰（Mn）、铬（Cr）、镍（Ni）、钨（W）、钼（Mo）、钒（V）、钛（Ti）、铌（Nb）、钴（Co）、铝（Al）、硼（B）及稀土元素（Re）等。根据我国资源条件，在合金钢中主要使用硅、锰、硼、钨、钼、钒、钛及稀土元素。

模块一 合金元素在钢材中的作用

知识点一 合金元素在钢材中的存在形式及作用

合金元素在钢材中主要以两种形式存在，一种是溶入铁素体中形成合金铁素体；另一种是与碳化合形成合金碳化物。

一、合金铁素体

大多数合金元素都能不同程度地溶入铁素体中。溶入铁素体的合金元素，由于它们的原子大小及晶格类型与铁不同，使铁素体晶格发生不同程度的畸变，其结果使铁素体的强度、硬度提高，但当合金元素超过一定的质量分数后，铁素体的韧性和塑性会显著降低。

与铁素体有相同晶格类型的合金元素，如 Cr、Mo、W、V、Nb 等，强化铁素体的作用较弱；而与铁素体具有不同晶格的合金元素，如 Si、Mn、Ni 等，强化铁素体的作用较强。当 Si、Mn 的质量分数低于 1% 时，既能强化铁素体，又不明显降低铁素体的韧性。

二、合金碳化物

合金元素可分为碳化物形成元素和非碳化物形成元素两类。非碳化物形成元素，如 Si、Al、Ni 及 Co 等，它们只以原子状态存在于铁素体或奥氏体中。碳化物形成元素，按它们与碳结合的能力，由强到弱的次序是 Ti、Nb、V、W、Mo、Cr、Mn 和 Fe。它们与碳形成的碳化物有 TiC、NbC、VC、WC、Mo_2C、Cr_7C_3、$(Fe, Cr)_3C$ 及 $(Fe, Mn)_3C$ 等。这些碳化物本身都有极高的硬度，有的硬度可达 71～75HRC。因此，合金碳化物的存在提高了钢材的强度、硬度和耐磨性。

知识点二　合金元素对钢材热处理和力学性能的影响

合金元素对钢材的有利作用，主要通过影响热处理工艺中的相变过程显示出来。因此，合金钢的优越性大多要通过热处理才能充分发挥出来。

一、合金元素对钢材加热转变的影响

合金钢的奥氏体形成过程，基本上与非合金钢相同，也包括奥氏体晶核形成、晶核长大、碳化物溶解和奥氏体成分均匀化四个过程。在奥氏体形成过程中，除 Fe、C 原子扩散外，还有合金元素原子的扩散。由于合金元素的扩散速度慢，且大多数合金元素（除 Ni、Co 外）均减慢碳的扩散速度，加之合金碳化物比较稳定，不易溶入奥氏体中，因此在不同程度上减缓了奥氏体的形成过程。所以，为了获得均匀的奥氏体，大多数合金钢需加热到更高的温度，并需要保温更长的时间。

大多数合金元素（Mn 和 B 除外）有阻碍奥氏体晶粒长大的作用，而且合金钢中合金元素阻碍奥氏体晶粒长大的过程是通过合金碳化物实现的。在合金钢中，合金碳化物以弥散质点的形式分布在奥氏体晶界上，机械地阻碍奥氏体晶粒长大。因此，大多数合金钢在加热时不易过热。这样有利于合金钢淬火后获得细马氏体组织，也有利于通过适当提高加热温度，使奥氏体中溶入更多的合金元素，从而提高合金钢的淬透性和力学性能。

二、合金元素对钢材回火转变的影响

合金元素对钢材回火时组织与性能的变化，都有不同程度的影响。其主要影响是提高钢材的耐回火性，有些合金元素还造成二次硬化现象和产生回火脆性。

1. 提高钢材的耐回火性

合金钢与非合金钢相比，回火的各个转变过程都将推迟到更高的温度。在相同的回火温度下，合金钢的硬度高于非合金钢，使钢在较高温度下回火时仍能保持高硬度，这种淬火钢件在回火时抵抗软化的能力，称为耐回火性。合金钢都有较好的耐回火性。若要获得相同的硬度，合金钢的回火温度要高于非合金钢的回火温度，并且通过较高温度的回火过程更有利于消除内应力，提高钢材的塑性和韧性。因此，合金钢可获得更好的综合力学性能，如图 7-1 所示。

2. 产生二次硬化

某些含有较多 W、Mo、V、Cr、Ti 元素的合金钢，在 500～600℃高温回火时，高硬度的特殊碳化物（W_2C、Mo_2C、VC、Cr_7C_3、TiC 等）以弥散的小颗粒状态析出，使钢的硬度升高，这些铁碳合金在一次或多次回火后提高其硬度的现象称为二次硬化，如图 7-2 所示。高速钢、工具钢和高铬钢在回火时都会产生二次硬化现象，这对于提高钢材的热硬性具有直接影响。

综上所述，合金钢的力学性能比非合金钢好，主要是因为合金元素提高了钢材的淬透性和耐回火性，以及细化了奥氏体晶粒，使铁素体固溶强化效果增强所致。合金元素的作用大

多要通过热处理才能发挥出来。因此，合金钢多在热处理状态下使用。

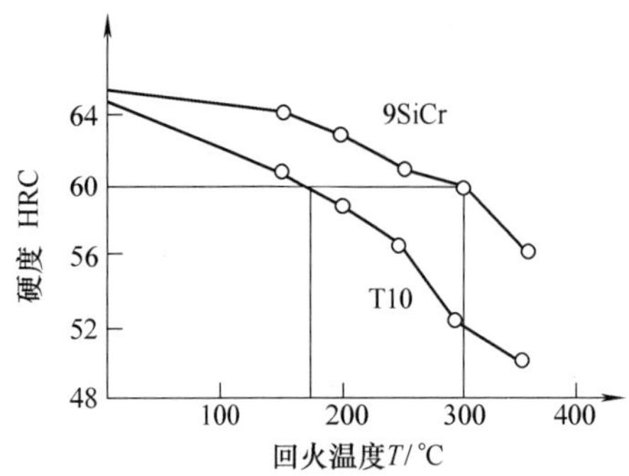

图 7-1 合金钢和非合金钢的硬度与回火温度的关系

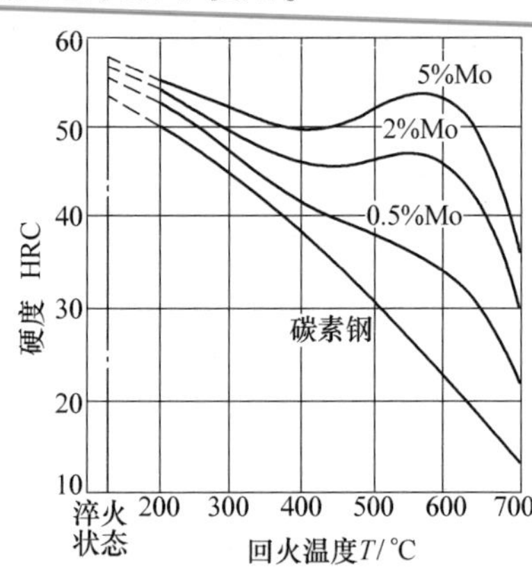

图 7-2 钼元素对钢回火硬度的影响（$w(C)=0.35\%$）

小资料 我国是世界上稀土矿产资源最丰富的国家，其工业储量是国外已探明总储量的5倍，国内主要产地是内蒙古、江西、湖南和广东。稀土是镧、铈、镨、钕、钠、钆等17种金属的总称，其中含量最高的是铈，但这些元素总是难分难离地共生在一起。稀土可以显著地提高耐热钢、不锈钢、工具钢、磁性材料、超导材料、铸铁等的使用性能。所以，专家称稀土是金属材料的“维生素”和“味精”。

模块二 低合金钢和合金钢的分类与牌号

知识点一 低合金钢和合金钢的分类

一、低合金钢的分类

低合金钢是按其主要质量等级和主要性能或使用特性分类的。

1. 按主要质量等级分类

低合金钢按主要质量等级进行分类，可分为普通质量低合金钢、优质低合金钢和特殊质量低合金钢。

（1）普通质量低合金钢 普通质量低合金钢是指不规定在生产过程中需要特别控制质量要求的、供作一般用途的低合金钢。

普通质量低合金钢主要包括：一般用途低合金结构钢；低合金钢筋钢（如20MnSi等）；铁道用一般低合金钢，如低合金轻轨钢（45SiMnP、50SiMnP）；矿用一般低合金钢（调质处理的钢号除外），如20MnK、25MnK等。

（2）优质低合金钢 优质低合金钢是指除普通质量低合金钢和特殊质量低合金钢以外

的低合金钢。在生产过程中需要特别控制质量（例如，降低硫、磷含量，控制晶粒度，改善表面质量，增加工艺控制等），以达到比普通质量低合金钢特殊的质量要求（例如，良好的抗脆断性能和良好的冷成形性等），但这种钢材的生产控制和质量要求不如特殊质量低合金钢严格。

优质低合金钢主要包括：可焊接的低合金高强度钢（如16MnNb钢等）；锅炉和压力容器用低合金钢（如15CrMoG钢、15MnVR钢等）；造船用低合金钢（如AH36钢、DH36钢、EH36钢等）；汽车用低合金钢（如09MnREL钢等）；桥梁用低合金钢（如16MnQ钢等）；自行车用低合金钢（如Z09Al钢、Z17Mn钢等）；低合金耐候钢（如Q390GNH钢、Q460NH钢等）；铁道用低合金钢，如低合金重轨钢（U71MnSiCu钢等）、铁路用异型钢（09V钢等）、起重机用低合金钢（U71Mn钢等）；矿用低合金钢（如20MnVK钢等）；输油、输气管线用低合金钢（如L320钢、L450钢）等。

（3）特殊质量低合金钢　特殊质量低合金钢是指在生产过程中需要特别严格控制质量和性能（特别是严格控制硫、磷等杂质含量和纯洁度）的低合金钢。

特殊质量低合金钢主要包括核能用低合金钢、保证厚度方向性能低合金钢、铁道用低合金车轮钢（如CL45MnSiV钢等）、低温用低合金钢（如16MnDR钢、15MnNiDR钢等），舰船兵器等专用特殊低合金钢等。

2. 按主要性能及使用特性分类

低合金钢按主要性能及使用特性分类，可分为可焊接的低合金强度结构钢、低合金耐候钢、低合金钢筋钢、铁道用低合金钢、矿用低合金钢和其他低合金钢。

二、合金钢的分类

合金钢是按其主要质量等级和主要性能或使用特性分类的。

1. 按主要质量等级分类

合金钢按主要质量等级进行分类，可分为优质合金钢和特殊质量合金钢。

（1）优质合金钢　优质合金钢是指在生产过程中需要特别控制质量和性能，但其生产控制和质量要求不如特殊质量合金钢严格的合金钢。

优质合金钢主要包括一般工程结构用合金钢，合金钢筋钢（如40Si2MnV钢、45SiMnV钢等），不规定磁导率的电工用硅（铝）钢，铁道用合金钢，地质、石油钻探用合金钢，耐磨钢和硅锰弹簧钢。

（2）特殊质量合金钢　特殊质量合金钢是指在生产过程中需要特别严格控制质量和性能的合金钢。除优质合金钢以外的所有其他合金钢都为特殊质量合金钢。

特殊质量合金钢主要包括压力容器用合金钢（如18MnMoNbR钢、14MnMoVG钢、09MnTiCuREDR钢等），经热处理的合金钢筋钢，经热处理的地质、石油钻探用合金钢，合金结构钢，合金弹簧钢，不锈钢，耐热钢，合金工具钢，高速工具钢，轴承钢，高电阻电热钢和合金，无磁钢，永磁钢。

2. 按主要性能及使用特性分类

合金钢按主要性能及使用特性分类，可分为工程结构用合金钢（如一般工程结构用合金钢、合金钢筋钢、高锰耐磨钢等），机械结构用合金钢（如调质处理合金结构钢、表面硬化合金结构钢、合金弹簧钢等），不锈钢、耐蚀钢和耐热钢（如不锈钢、抗氧化钢和热强钢等）；工具钢（如合金工具钢、高速工具钢），轴承钢（如高碳铬轴承钢、不锈轴承钢等），特殊物理性能钢，如软磁钢、永磁钢、无磁钢（如0Cr16Ni14 钢）等，其他钢种，如铁道用合金钢等。

知识点二　低合金钢和合金钢的牌号

一、低合金高强度结构钢的牌号

低合金高强度结构钢的牌号由代表屈服强度的汉语拼音首位字母、屈服强度数值、质量等级符号（A、B、C、D、E）三个部分按顺序组成。例如，Q390A 表示屈服强度 $R_e \geqslant$ 390MPa，质量为 A 级的低合金高强度结构钢。

如果是专用结构钢，一般在上述表示方法的基础上加上钢产品的用途符号，如 Q345HP 表示焊接气瓶用钢、Q345R 表示压力容器用钢、Q390G 表示锅炉用钢、Q420Q 表示桥梁用钢等。

二、合金钢（包括部分低合金结构钢）的牌号

我国合金钢的编号是按照合金钢中碳的质量分数及所含合金元素的种类（元素符号）及其质量分数来编制的。一般牌号的首部是表示其平均碳的质量分数的数字，数字含义与优质碳素结构钢是一致的。对于结构钢，数字表示平均碳的质量分数的万分之几；对于工具钢，数字表示平均碳的质量分数的千分之几。当合金钢中某合金元素（Me）的质量分数 $w(\mathrm{Me})<1.5\%$ 时，牌号中仅标出合金元素符号，不标明其含量；当合金元素的质量分数为 $1.5\% \leqslant w(\mathrm{Me})<2.49\%$ 时，在该合金元素后面相应地用整数“2”表示其平均质量分数；当合金元素的质量分数为 $2.49\% \leqslant w(\mathrm{Me})<3.49\%$ 时，在该合金元素后面相应地用整数“3”表示其平均质量分数，以此类推。

1. 合金结构钢的牌号

例如，60Si2Mn 表示 $w(\mathrm{C})=0.60\%$、$w(\mathrm{Si})=2\%$、$w(\mathrm{Mn})<1.5\%$ 的合金结构钢；09Mn2 表示 $w(\mathrm{C})=0.09\%$、$w(\mathrm{Mn})=2\%$ 的合金结构钢。钢中钒、钛、铝、硼、稀土等合金元素，虽然含量很低，仍然需要在钢中标出，如 40MnVB 和 25MnTiBRE 等。

2. 合金工具钢的牌号

当钢中 $w(\mathrm{C})<1.0\%$ 时，牌号前的数字以千分之几（一位数）表示；当 $w(\mathrm{C}) \geqslant 1\%$ 时，为了避免与合金结构钢相混淆，牌号前不标数字。例如，9Mn2V 表示 $w(\mathrm{C})=0.9\%$，$w(\mathrm{Mn})=2\%$、$w(\mathrm{V})<1.5\%$ 的合金工具钢；CrWMn 表示钢中 $w(\mathrm{C}) \geqslant 1.0\%$、$w(\mathrm{Cr})<1.5\%$、$w(\mathrm{W})<1.5\%$、$w(\mathrm{Mn})<1.5\%$ 的合金工具钢。高速工具钢牌号不标出碳的质量分数值，如 W18Cr4V。

3. 高碳铬轴承钢的牌号

高碳铬轴承钢牌号前面冠以汉语拼音字母“G”，其后为铬元素符号 Cr，铬的质量分数以千分之几表示，其余合金元素的表示方法与合金结构钢牌号规定相同，如 GCr15SiMn 钢。

4. 不锈钢和耐热钢的牌号

根据 GB/T 20878—2007《不锈钢和耐热钢　牌号及化学成分》规定，不锈钢和耐热钢的牌号表示方法与合金工具钢基本相同，当 $w(\mathrm{C}) \geqslant 0.04\%$ 时，推荐取两位小数表示碳的质量分数，如 10Cr17Mn9Ni4N 钢；当 $w(\mathrm{C}) \leqslant 0.03\%$ 时，推荐取 3 位小数表示碳的质量分数，

如 022Cr17Ni7N 钢。

知识点三　钢铁及合金牌号统一数字代号体系（GB/T 17616—2013）

GB/T17616—2013 规定了钢铁及合金产品统一数字代号的编制原则、结构分类、管理及体系表等内容。该标准适用于钢铁及合金产品牌号编制统一数字代号。凡列入国家标准和行业标准的钢铁及合金产品，应同时列入产品牌号和统一数字代号，并相互对照，两种表示方法均有效。

统一数字代号由固定的 6 位数组成，如图 7-3 所示。左边第一位用大写的拉丁字母做前缀（一般不使用“I”和“O”字母），后接 5 位阿拉伯数字。钢铁及合金的类型与统一数字代号见表 7-1。每一个数字代号只适用于一个产品牌号；反之，每一个产品牌号只对应于一个统一数字代号。当产品牌号取消后，一般情况下，原对应的统一数字代号不再分配给另一个产品牌号。

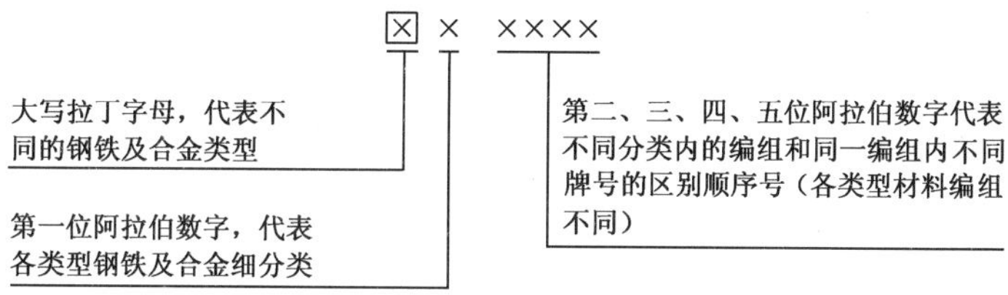

图 7-3　统一数字代号的结构形式

表 7-1　钢铁及合金的类型与统一数字代号

钢铁及合金的类型	英 文 名 称	前缀字母	统一数字代号
合金结构钢	Alloy structural steel	A	A×××××
轴承钢	Bearing steel	B	B×××××
铸铁、铸钢及铸造合金	Cast iron, cast steel and cast alloy	C	C×××××
电工用钢和纯铁	Electrical steel and iron	E	E×××××
铁合金和生铁	Ferro alloy and pig iron	F	F×××××
耐蚀合金和高温合金	Heat resisting and corrosion resisting alloy	H	H×××××
金属功能材料	Metallic functional materials	J	J×××××
低合金钢	Low alloy steel	L	L×××××
杂类材料	Miscellaneous materials	M	M×××××
粉末及粉末冶金材料	Powder and powder metallurgy materials	P	P×××××
快淬金属及合金	Quick quench matels and alloys	Q	Q×××××
不锈钢和耐热钢	Stainless steel and heat resisting steel	S	S×××××
工模具钢	Tool and mould steel	T	T×××××
非合金钢	Unalloy steel	U	U×××××
焊接用钢及合金	Steel and alloy for welding	W	W×××××

第一位阿拉伯数字有 0～9，对于不同类型的钢铁及合金，每一个数字所代表的含义各不相同。例如，在合金结构钢中，数字“0”代表 Mn（×）、MnMo（×）系钢，数字“1”代表 SiMn（×）、SiMnMo（×）系钢，数字“4”代表 CrNi（×）系钢；在低合金钢中，数字“0”代表低合金一般结构钢，数字“1”代表强度特性值低的合金专用结构钢；在非

合金钢中，数字“1”代表非合金一般结构及工程结构钢，数字“2”代表非合金机械结构钢等。

模块三 低合金钢

低合金钢是一类可焊接的低碳低合金结构用钢，大多数在热轧或正火状态下使用。

知识点一 低合金高强度结构钢

低合金高强度结构钢的合金元素以锰为主，此外还有钒（V）、钛（Ti）、铝（Al）、铌（Nb）等元素。它与非合金钢相比具有较高的强度、韧性、耐蚀性及良好的焊接性，而且价格与非合金钢接近。因此，低合金高强度结构钢广泛用于制造桥梁、车辆、船舶、建筑钢筋等。GB/T 1591—2008 颁布了低合金高强度结构钢的新标准，新标准中增设了 Q500、Q550、Q620、Q690 四个牌号，取消了 Q295。部分低合金高强度结构钢的牌号和用途见表 7-2。

表 7-2 部分低合金高强度钢的牌号和用途

新标准	用 途
Q345	船舶、铁路车辆、桥梁、管道、锅炉、压力容器、石油储罐、起重及矿山机械、电站设备、厂房钢架等
Q390	中高压锅炉汽包、中高压石油化工容器、大型船舶、桥梁、车辆、起重机及其他较高载荷的焊接结构件等
Q420	大型船舶、桥梁、电站设备、起重机械、机车车辆、中压或高压锅炉及容器的大型焊接结构件等
Q460	大型工程结构件和工程机械，经淬火加回火后，用于大型挖掘机、起重机、运输机械和钻井平台等

知识点二 低合金耐候钢

耐候钢是指耐大气腐蚀钢，它是在低碳非合金钢的基础上加入少量铜、铬、镍、钼等合金元素，使钢表面形成一层保护膜的钢材。为了进一步改善其性能，还可再加入微量的铌、钛、钒、锆等元素。我国目前使用的耐候钢分为焊接结构用耐候钢和高耐候性结构钢两大类。

焊接结构用耐候钢的牌号由“Q＋数字＋NH”组成。其中“Q”是“屈”字汉语拼音字母的字首，数字表示最低屈服强度数值，字母“NH”是“耐候”两字汉语拼音字母的字首，牌号后缀质量等级代号（C、D、E），如 Q355NHC 表示屈服强度大于 355MPa，质量等级为 C 级的焊接结构用耐候钢。此类耐候钢适用于桥梁、建筑及其他要求耐候性的钢结构。

图 7-4 铁道车辆

高耐候性结构钢的牌号由“Q＋数字＋GNH”组成。与焊接结构用耐候钢不同的是，“GNH”表示“高耐候”三字汉语拼音字母的字首；含 Cr、Ni 元素的高耐候性结构钢在其牌号后面后缀字母“L”，如 Q345GNHL。此类耐候钢适用于铁道车辆（图 7-4）、建筑、塔架和其他要求高耐候性的钢结构，并可根据不同需要制成螺栓联接、铆接和焊接结构件。

知识点三　低合金专业用钢

为了适应某些专业的特殊需要，对低合金高强度结构钢的化学成分、加工工艺及性能做相应的调整和补充，从而发展了门类众多的低合金专业用钢，如锅炉用钢、压力容器用钢、船舶用钢、桥梁用钢、汽车用钢、铁道用钢、自行车用钢、矿山用钢、建筑用钢等，其中部分低合金专用钢已纳入国家标准。下面举几个实例。

1. 汽车用低合金钢

汽车用低合金钢是用量较大的专业用钢，主要用于制造汽车大梁、托架及车壳等结构件，如汽车大梁用09MnREL钢、06TiL钢、08TiL钢、16MnL钢、16MnREL钢等。

2. 低合金钢筋钢

低合金钢筋钢主要是指用于制作建筑钢筋结构的钢，如20MnSi钢、20MnTi钢、20MnSiV钢、25MnSi钢等。

3. 铁道用低合金钢

铁道用低合金钢主要用于制作重轨（如U71Cu钢、U71Mn钢、U71MnSi钢、U71MnSiCu钢等）、轻轨（如45SiMnP钢、50SiMnP钢、36CuCrP钢等）和异型钢（09CuPRE钢、09V钢等）。

4. 矿用低合金钢

矿用低合金钢主要用于矿用结构件，如20MnK钢、20MnVK钢、25MnK钢、25MnVK钢等。

模块四　合　金　钢

知识点一　工程结构用合金钢

工程结构用合金钢主要用于制造工程结构，如建筑工程钢筋结构、压力容器、承受冲击的耐磨铸钢件等。工程结构用合金钢按其用途又可分为一般工程用合金钢、压力容器用合金钢、合金钢筋钢、地质石油钻探用钢和高锰钢等。下面主要介绍高锰耐磨钢的化学成分、热处理特点和用途。

对于工作时承受很大压力、强烈冲击和严重磨损的机械零件，目前工业中多采用耐磨钢来制造。典型的耐磨钢牌号是ZGMn13，其碳的质量分数为1.0%～1.3%，锰的质量分数为11%～14%。

ZGMn13的铸态组织为奥氏体和网状碳化物，脆性大又不耐磨，故不能直接使用，必须将钢加热到1000～1100℃，保温一段时间，使碳化物全部溶解到奥氏体中，然后在水中冷却。由于冷却速度快，碳化物来不及从奥氏体中析出，从而可获得单一的奥氏体组织（因锰是扩大γ相区的元素），这种处理方法称为水韧处理。

水韧处理后耐磨钢的韧性与塑性较好，硬度低（180～220HBW）。它在较大的压应力或冲击力的作用下，由于表面层的塑性变形，会迅速产生冷变形强化，同时伴随有马氏体转变，使耐磨钢表面硬度急剧提高到52～56HRC。耐磨钢的耐磨性在高压应力作用下表现极好，比非合金钢高十几倍，但是在低压应力的作用下其耐磨性较差。同时，耐磨钢在使用过程中，其基体仍具有良好的韧性。

耐磨钢不易进行切削加工，但其铸造性能好，可将其铸成复杂形状的铸件，故耐磨钢一般是铸造后经热处理后使用。耐磨钢常用于制造坦克和拖拉机履带板、球磨机衬板、挖掘机铲齿、破碎机牙板、铁路道岔（图7-5）等。常用的耐磨钢牌号有ZGMn13－1、ZGMn13－2、ZGMn13－3和ZGMn13－4等，其中1、2、3、4表示品种代号，适用范围分别是低冲击件、普通件、复杂件和高冲击件。

图7-5　铁路道岔

知识点二　常用机械结构用合金钢

机械结构用合金钢属于特殊质量合金钢，主要用于制造机械零件，如轴、连杆、齿轮、弹簧、轴承等，一般需进行热处理，以发挥材料的力学性能潜力。机械结构用合金钢按其用途和热处理特点进行分类，可分为合金渗碳钢、合金调质钢、合金弹簧钢和超高强度钢等。

一、合金渗碳钢

用于制造渗碳零件的合金钢称为合金渗碳钢。需要渗碳的重要零件如齿轮、轴、活塞销等，要求表面具有高硬度（55～65HRC）和高耐磨性，心部具有较高的强度和足够的韧性。采用合金渗碳钢可以克服低碳钢渗碳后淬透性低和心部强度低的弱点。常用的合金渗碳钢的牌号、热处理规范、性能及用途见表7-3。

各种合金渗碳钢的热处理工艺规范与性能虽有不同，但其加工工艺路线却基本相同，一般为：

下料→锻造→预备热处理→机械加工（粗加工、半精加工）→渗碳→机械加工（精加工）→淬火、低温回火→磨削。

表7-3　常用合金渗碳钢的牌号、热处理规范、性能及用途

牌号	渗碳温度/℃	热处理			力学性能					应用举例
		预备处理温度/℃	淬火温度/℃	回火温度/℃	R_m/MPa	R_e/MPa	A(%)	Z(%)	KU/J	
20Cr	910～950	880水或油冷	780～820水或油冷	200	835	540	10	40	47	齿轮、小轴、活塞销
20CrMnTi		880油冷	870油冷	200	1080	850	10	45	55	汽车和拖拉机上的各种变速齿轮、传动件
20CrMnMo			850油冷	200	1180	885	10	45	55	拖拉机主动齿轮、活塞销、球头销
20MnVB			860油冷	200	1080	885	10	45	55	可代替20CrMnTi钢制作齿轮及其他渗碳零件

锻件毛坯进行预备热处理的目的是改善毛坯锻造后的不良组织，消除锻造加工过程中产生的内应力，并改善其可加工性。

二、合金调质钢

合金调质钢是在中碳钢（30 钢、35 钢、40 钢、45 钢、50 钢）的基础上加入一种或数种合金元素，以提高淬透性和耐回火性，使之在调质处理后具有良好的综合力学性能的钢。常加入的合金元素有 Mn、Si、Cr、B、Mo 等，它们的主要作用是提高钢的强度和韧性，增加钢的淬透性。合金调质钢常用来制造负荷较大的重要零件，如发动机曲轴（图 7-6）、连杆（图 7-7）及齿轮等。常用合金调质钢的热处理、力学性能及用途见表 7-4。

图 7-6　发动机曲轴

图 7-7　连杆

表 7-4　常用合金调质钢的热处理、力学性能及用途

钢号	热处理		力学性能					用途举例
	淬火温度 /℃	回火温度 /℃	R_m /MPa	R_e /MPa	A (%)	Z (%)	KU /J	
40B	840 水冷	550 水冷	780	635	12	45	55	齿轮转向拉杆、凸轮
40Cr	850 油冷	520 水冷、油冷	980	785	9	45	47	齿轮、套筒、轴、进气阀
40MnB	850 油冷	500 水冷、油冷	980	785	10	45	47	汽车转向轴、半轴、蜗杆
40CrNi	820 油冷	500 水冷、油冷	980	785	10	45	55	重型机械齿轮、轴、燃气轮机叶片、转子和轴
40CrMnMo	850 油冷	600 水冷、油冷	980	785	10	45	63	重载荷轴、齿轮、连杆

表面要求较高硬度、耐磨性和疲劳强度的零件，可采用渗氮钢 38CrMoAlA 制造，其热处理工艺是调质和渗氮处理。

各种合金调质钢的热处理工艺规范与性能虽有不同，但其加工工艺路线却大致相同，一般为：

下料→锻造→预备热处理（正火或退火）→机械加工（粗加工、半精加工）→调质处理→机械加工（精加工）→表面淬火或渗氮→磨削。

预备热处理的目的主要是改善锻造组织、细化晶粒、消除锻造加工过程中产生的内应力，有利于切削加工，并为随后的调质处理做好组织准备。对于含合金元素少的调质钢（如40Cr钢），一般可用正火；对于含合金元素多的合金钢，则应采用退火。

对要求硬度较低（硬度<30HRC）的调质零件，可采用“毛坯→调质处理→机械加工”的工艺路线。这样一方面可减少零件在机加工与热处理车间的往返时间；另一方面有利于推广锻造余热淬火（高温形变热处理），即在锻造时控制锻造温度，利用锻造后的高温余热进行淬火，既简化工序、节约能源、降低成本，又可提高钢的强韧性。

三、合金弹簧钢

在非合金弹簧钢的基础上加入合金元素，用于制造重要弹簧的钢种，称为合金弹簧钢。弹簧是各种机械和仪表中的重要零件，是利用弹性变形时所储存的能量起缓和机械设备的振动和冲击作用。中碳钢（如55钢）和高碳钢（如65钢、70钢等）都可以作为弹簧材料，但因其淬透性差、强度低，只能用来制造截面积较小、受力较小的弹簧。而合金弹簧钢则可制造截面积较大、屈服强度较高的重要弹簧。合金弹簧钢中加入的合金元素主要有Mn、Si、Cr、V、Mo、W、B等。它们的作用是提高淬透性和耐回火性，强化铁素体，细化晶粒，可以有效地改善合金弹簧钢的力学性能。弹簧按加工工艺进行分类，可分为冷成形弹簧和热成形弹簧。

1. 冷成形弹簧

冷成形方法适用于加工小型弹簧（$D<4$mm），弹簧冷成形后只需在250~300℃进行去应力退火，以消除冷成形时产生的应力，稳定弹簧尺寸。

冷成形弹簧的一般加工工艺路线为：下料→卷簧成形→去应力退火→试验→验收。

2. 热成形弹簧

热成形方法适用于加工大型弹簧，弹簧热成形后应进行淬火和中温回火，以便提高弹簧的弹性和屈服强度。汽车板弹簧、铁道车辆用缓冲弹簧等多用60Si2Mn来制造。

热成形弹簧的一般加工工艺路线为：下料→加热→卷簧成形→淬火→中温回火→试验→验收。

弹簧的表面质量对弹簧的使用寿命影响很大，表面氧化、脱碳、划伤和裂纹等缺陷都会使弹簧的疲劳强度显著下降，因此应尽量避免。喷丸处理是改善弹簧表面质量的有效方法，它是将直径为0.3~0.5mm的钢丸或玻璃珠高速喷射在弹簧表面，使其表面产生塑性变形而形成残余压应力，从而提高弹簧的使用寿命。常用合金弹簧钢的牌号、性能及用途见表7-5。

表7-5　常用合金弹簧钢的牌号、性能及用途

牌号	热处理		力学性能				用途举例
	淬火温度/℃	回火温度/℃	R_m/MPa	R_e/MPa	$A_{11.3}$(%)	Z(%)	
			不小于				
55Si2Mn	870，油冷	480	1274	1176	6	30	汽车、拖拉机、机车车辆的板簧、螺旋弹簧
60Si2Mn	870，油冷	480	1275	1177	5	25	

（续）

牌号	热处理		力学性能				用途举例
	淬火温度/℃	回火温度/℃	R_m/MPa	R_e/MPa	$A_{11.3}$（%）	Z（%）	
			不小于				
55SiMnVB	860，油冷	460	1373	1226	5	30	代替60Si2Mn钢制作汽车板簧和其他中等截面的板簧和螺旋弹簧
55CrVA	850，油冷	500	1274	1127	10（A_5）	40	用作高载荷重要弹簧及工作温度＜300℃的阀门弹簧、活塞弹簧、安全阀弹簧等

四、超高强度钢

图7-8 飞机起落架

超高强度钢一般是指 R_e > 1370MPa、R_m > 1500MPa 的特殊质量合金结构钢。超高强度钢按化学成分和强韧化机制分类，可分为低合金超高强度钢、二次硬化型超高强度钢（如4Cr5MoSiV钢等）、马氏体时效钢（如Ni25Ti2AlNb钢等）和超高强度不锈钢四类。其中低合金超高强度钢是在合金调质钢的基础上加入多种合金元素进行复合强化产生的，此类钢具有很高的强度和足够的韧性，而且比强度和疲劳强度高，在静载荷和动载荷条件下，能够承受很高的工作压力，可减轻结构件自重。超高强度钢主要用于航空和航天工业，如35Si2MnMoVA钢的抗拉强度可达1700MPa，用于制造飞机的起落架（图7-8）、框架、发动机曲轴等；40SiMnCrWMoRE钢工作在300～500℃时仍能保持高强度、抗氧化性和抗热疲劳性，用于制造超音速飞机的机体构件。

知识点三 高碳铬轴承钢

图7-9 滚动轴承

高碳铬轴承钢属于特殊质量合金钢，主要用于制造滚动轴承的滚动体和内圈、外圈，如图7-9所示。另外，高碳铬轴承钢在量具、模具、低合金刃具等方面也有广泛应用。这些零件要求具有均匀的高硬度、高耐磨性、高耐压强度和疲劳强度等性能。高碳铬轴承钢的碳的质量分数较高（0.95%～1.15%），钢中铬的质量分数为1.4%～1.65%，加入Cr元素的目的在于增加钢的淬透性，并使碳化物呈均匀而细密状态分布，提高高碳铬轴承钢的耐磨性。对于大型轴承用钢，还需加入 Si、Mn 等合金元素进一步提高高碳铬轴承钢的淬透性。最常用的高碳铬轴承钢是 GCr15。

高碳铬轴承钢的热处理主要是锻造后进行球化退火，制成零件后进行淬火和低温回火，得到回火马氏体及碳化物组织，硬度≥62HRC。常用高碳铬轴承钢的化学成分、热处理及用途见表 7-6。

表 7-6　常用高碳铬轴承钢的化学成分、热处理及用途

钢号	化学成分(%)				热处理			用途
	w(C)	w(Cr)	w(Mn)	w(Si)	淬火温度/℃	回火温度/℃	回火后硬度HRC	
GCr15	0.95～1.05	1.4～1.65	0.25～0.45	0.15～0.35	825～845	150～170	62～66	制作内燃机、汽车、机床等设备上的轴承
GCr15SiMn	0.95～1.05	1.4～1.65	0.95～1.25	0.45～0.75	820～840	150～180	≥62	制作大型轴承或特大轴承的滚动体和内、外套圈

知识点四　合金工具钢与高速钢

合金工具钢与高速钢的牌号很多，这两类钢由于加入的合金元素种类、数量和碳的质量分数不同，各种钢的性能和用途各有其特点。合金工具钢与高速钢的质量等级都属于特殊质量等级要求。下面介绍常用合金工具钢与高速钢的主要特点。

一、制作冷作模具、量具及刃具用的合金工具钢

合金工具钢是指主要用于制造金属切削刀具（刃具）、量具和模具的钢。虽然这些工具的用途不同，所要求的性能也有差异，但以下几点主要性能是相近的。

1）高硬度（大多数≥60HRC）和高耐磨性。

2）足够的强度（尤其是尺寸小的刀具和冲模）及韧性。

3）形状复杂和淬火后不再加工的工具，要求淬火变形小。

针对上述性能要求，合金工具钢的碳的质量分数较高，以保证钢淬火后得到高硬度和高耐磨性；主要加入碳化物形成元素，除提高淬透性和耐回火性外，还能形成合金渗碳体或合金碳化物，提高钢材的耐磨性。

由于合金工具钢中合金元素的加入量不多，其热硬性只比碳素工具钢稍高些，一般仅能在 250℃以下保持高硬度和高耐磨性。合金工具钢主要用来制造一些形状复杂、要求淬火变形小的低速切削工具（图 7-10）、冲模、量具和耐磨零件。最常用的合金工具钢是 9SiCr 钢、CrWMn 钢和 9Mn2V 钢，它们的化学成分、热处理及用途见表 7-7。

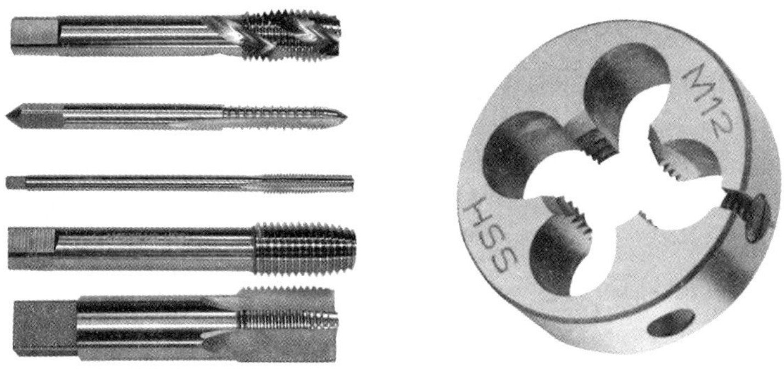

a) b)

图 7-10 丝锥与板牙

a）丝锥 b）板牙

表 7-7 常用低合金工具钢的牌号、化学成分、热处理及用途

牌号	化学成分（%）					淬 火			回火		用途
	w(C)	w(Mn)	w(Si)	w(Cr)	其他	温度/℃	介质	HRC	温度/℃	HRC	
9SiCr	0.85～0.95	0.3～0.6	1.2～1.6	0.95～1.25		830～860	油	≥62	180～200	≥60～62	制作板牙、丝锥、铰刀、搓丝板、冲模、冷轧辊
CrWMn	0.9～1.05	0.8～1.1	0.15～0.35	0.9～1.2	1.2～1.6W	800～830	油	≥62	140～160	≥62～65	制作淬火变形小的刀具，如车床丝锥、拉刀及丝杠、冲模等
9Mn2V	0.85～0.95	1.7～2.0	≤0.35		0.01～0.25V	780～810	油	≥62	150～200	≥60～62	制作冷加工模具，各种淬火变形小的量规、丝锥、板牙、铰刀、磨床主轴、车床丝杠等

采用合金工具钢制造工、模具时，其常用的热处理工艺为：锻造后进行球化退火，加工成工、模具后进行淬火，淬火冷却介质一般用油或盐浴，进行马氏体分级淬火或贝氏体等温淬火，淬火后再进行低温回火。

对于尺寸大或要求耐磨性很高、淬火变形小的工、模具，可采用 Cr12 型高铬合金工具钢。常用的 Cr12 型高铬合金工具钢见表 7-8。

表 7-8 常用的 Cr12 型高铬合金工具钢

牌 号	主要化学成分(%)			
	w(C)	w(Cr)	w(Mn)	w(V)
Cr12	2.00～2.30	11.50～13.00	—	—
Cr12MoV	1.45～1.70	11.00～12.50	0.40～0.60	0.15～0.30

Cr12 型钢因为碳和铬的质量分数高，在钢中可形成大量高硬度的碳化物（Cr_7C_3）。淬火后其显微组织除马氏体外，还有较多的碳化物存在，故 Cr12 型钢热处理后的硬度与耐磨性比碳素工具钢和其他合金工具钢高。

Cr12 型钢锻造后也应进行球化退火，制成工、模具后一般进行淬火及低温回火，但淬火温度较碳素工具钢和其他合金工具钢高（约为 1000℃）。

二、制作热作模具用的合金工具钢

热作模具的种类很多，一类是热变形模具，它使金属在热态下通过塑性变形成形；另一类是压铸型，它在高压下将液态金属压入其中而获得铸件。这些模具的共同点是模具与高温金属周期性地接触，反复受热和冷却，并受到较强的磨损和冲击作用，因此要求热作模具具有下列性能。

1）良好的高温力学性能，即在高温下能保持高强度、高韧性和足够的耐磨性。

2）导热性好，能使模具型腔的热量尽快散失，使模具温度下降。

3）耐热疲劳性好。热疲劳是指模具在反复受热和冷却条件下，引起模型型腔表面产生网状裂纹的现象。

4）淬透性好（尤其是大型模具）。良好的淬透性可以使模具整个截面性能均匀。

由于各种热作模具的工作条件有一定的差异，故不同的模具对上述性能要求又各有侧重。

为了满足上述性能要求，制作热作模具用的合金工具钢的碳的质量分数一般较低，为 $w(C)=0.3\%\sim0.6\%$。若碳的质量分数过高，则钢的韧性和导热性会降低；若碳的质量分数过低，则钢的强度、硬度和耐磨性又不足。由于各种热作模具对性能要求的侧重不同，所以热作模具钢中需要加入不同的合金元素，从而满足热作模具对使用性能的不同要求。常用热作模具钢的牌号、化学成分和主要用途见表 7-9。

表 7-9 常用热作模具钢的牌号、化学成分和主要用途

牌号	化学成分(%)								主要用途
	w(C)	w(Mn)	w(Si)	w(Cr)	w(W)	w(V)	w(Mo)	其他	
5CrMnMo	0.50～0.60	1.20～1.60	0.25～0.60	0.60～0.90	—	—	0.15～0.30	—	制作中型和小型锻模
5CrNiMo	0.50～0.60	0.50～0.80	≤0.40	0.50～0.80	—	—	0.15～0.30	1.40～1.80Ni	制作形状复杂、冲击载荷大的大型锻模
4Cr5W2VSi	0.32～0.42	≤0.40	0.80～1.20	4.45～5.50	1.60～2.40	0.60～1.00	—	—	制作高速锤锻模与冲头，热挤压模
3Cr2W8V	0.30～0.40	≤0.40	≤0.40	2.20～2.70	7.50～9.00	0.20～0.50	—	—	制作热挤压模和压铸型

5CrNiMo 钢和 5CrMnMo 钢是最常用的热作模具钢。其中 5CrNiMo 由于加入了 Cr、Ni、Mo 合金元素，所以钢的淬透性好，能在 500℃ 保持高的强度和韧性，适于制造大型锻模。5CrMnMo 钢的淬透性和韧性不及 5CrNiMo 钢，一般适于制造中小型锻模。

3Cr2W8V 钢因含较多的 W 元素，在钢中形成特殊碳化物，因此使钢具有更好的高温力学性能。此外，加入 Cr、W 元素还能提高钢材的临界点，使模具工作时不易发生相变，从而提高钢材的耐热疲劳性。为了改善 3Cr2W8V 钢的导热性和韧性，一般要求碳的质量分数较低。3Cr2W8V 钢常用来制作热挤压模和压铸型（图 7-11）。

热作模具要求的硬度比冷作模具低，如热锻模工作部分的硬度通常为 33～47HRC（随锻模大小而不同）；压铸型工作部分的硬度通常为 40～48HRC。热作模具的热处理通常采用调质处理或淬火加中温回火，有些模具（如热挤模、压铸型等）还采用渗氮、碳氮共渗等

图 7-11　汽车四缸压铸型

化学热处理来提高其耐磨性和使用寿命。

三、高速钢

随着机械制造技术的不断发展，在切削加工中切削速度不断提高，加上高硬度、高强度材料日益增多，切削时会产生大量的热量，从而使刀具切削刃受热、温度升高，并且刀具还承受较大的切削力，这就要求刀具材料应具有更高的热硬性和强度。碳素工具钢和合金工具钢已不能适应这样的要求。因此，在 19 世纪末人类就已开始研制和使用高速钢了，目前高速钢已成为切削刀具的主要材料之一。

1. 高速钢的主要性能和化学成分

高速钢的主要优点是具有较高的热硬性，能够在 600℃以下保持高硬度和高耐磨性，用其制作的刀具的切削速度比一般合金工具钢高得多，而且高速钢的强度也比碳素工具钢和合金工具钢高 30% ~50%。此外，高速钢还具有很好的淬透性，在空气冷却的条件下也能淬硬。但高速钢的导热性差，在热加工时要特别注意。

高速钢碳的质量分数为 0.7% ~1.65%，并含有 W、Mo、Cr、V、Co 等贵重元素，合金元素的质量分数大于 10%。其中 W、Mo 是提高其耐回火性、热硬性及耐磨性的主要元素；V 的作用是提高高速钢的热硬性和耐磨性，并能细化晶粒，提高韧性；Cr 主要用于提高高速钢的淬透性，对提高高速钢的热硬性也有一定作用；C 的主要作用是保证其与加入的合金元素形成碳化物，使淬火马氏体的碳的质量分数大于 0.5%，以提高高速钢的硬度，并使各合金元素能充分发挥作用。常用高速钢的牌号、化学成分和热处理规范见表 7-10。

表 7-10　常用高速钢的牌号、化学成分和热处理规范

牌号	化学成分（%）					热处理温度/℃			回火后 HRC
	w(C)	w(W)	w(Mo)	w(Cr)	w(V)	预热	淬火	回火	
W18Cr4V	0.70 ~ 0.80	17.5 ~ 19.0	≤0.30	3.80 ~ 4.40	1.00 ~ 1.40	820 ~ 870	1270 ~ 1285	550 ~ 570（三次）	≥63
W6Mo5Cr4V2	0.80 ~ 0.90	5.50 ~ 6.75	4.50 ~ 5.50	3.80 ~ 4.40	1.75 ~ 2.20	820 ~ 840	1210 ~ 1230	540 ~ 560（三次）	≥64

2. 高速钢的热处理特点

高速钢的铸造组织比较复杂，其中有共晶莱氏体，碳化物呈粗大的鱼骨状，不能用热处

理来消除，必须通过多次锻造将其击碎，使其呈小块状，并均匀分布。高速钢锻造后一般进行等温退火。

高速钢淬火时一般要经过预热，淬火温度高，一般为1200～1285℃，目的是使难溶的合金碳化物更多地溶解到奥氏体中去。淬火介质一般用油，也可用盐浴进行马氏体分级淬火，以减少变形。高速钢淬火组织为马氏体+未溶合金碳化物+残留奥氏体（25%～35%）。

高速钢淬火后一般要在550～570℃进行三次高温回火。如果淬火后先经冷处理，则回火一次即可。回火的目的是减少残留奥氏体数量。在回火过程中，残留奥氏体中析出碳和合金元素，形成合金碳化物（如W_2C、VC等），并向回火马氏体转化，同时淬火马氏体也弥散析出细小碳化物。所以，高速钢经三次高温回火后，钢材会产生二次硬化现象，导致钢材的硬度略有提高。

此外，高速钢刀具在淬火、回火后，再经气体渗氮、硫氮共渗、气相沉积TiC、TiN等工艺可进一步提高其使用寿命。高速钢主要用于制造各种切削刀具（图7-12），也可用于制造某些重载冷作模具和结构件（如柴油机的喷油器偶件）。但是，高速钢价格高，热加工工艺复杂，因此应尽量节约使用。

图7-12 各种高速钢刀具

【拓展知识】

高速钢又称高速工具钢、锋钢，俗称白钢。早在1898年，美国机械工程师泰勒（F. W. Taylor）和冶金工程师怀特（M. White）就开始研制高速钢。1900年，他们将高速钢刀具在巴黎博览会进行展示，引起了轰动效应。1906年，他们经过广泛而系统的切削试验之后，确立了切削用高速钢的最佳成分是W18Cr4V（即$w(C)=0.75\%$，$w(W)=18\%$，$w(Cr)=4.0\%$，$w(V)=1.0\%$），当时切削中碳钢的切削速度是30m/min，比之前的刀具提高了十几倍。这一成果带来了机械加工的划时代革命，也因此使得刀具材料在进入20世纪后呈现出异乎寻常的发展速度，创造了前所未有的辉煌。100年来，尽管不断出现各种新的刀具材料，但高速钢依然没有被历史淘汰，一直沿用并发展至今，甚至曾长期占据霸主地位。

知识点五 不锈钢与耐热钢

一、不锈钢

不锈钢属于特殊质量合金钢。不锈钢是指以不锈、耐蚀为主要特性，且铬的质量分数至少为10.5%，碳的质量分数最大不超过1.2%的钢。常用的不锈钢主要是铬不锈钢和铬镍不锈钢两类。不锈钢按其使用时的组织特征分为铁素体型不锈钢、奥氏体型不锈钢、马氏体型不锈钢、奥氏体-铁素体型不锈钢和沉淀硬化型不锈钢五类。几种常用不锈钢的牌号、化学成分、热处理方法及用途举例见表 7-11。

表 7-11　几种常用不锈钢的牌号、化学成分、热处理方法及用途举例

组织类型	牌号	化学成分(%)				热处理方法	用途举例
		w(C)	w(Ni)	w(Cr)	w(Mo)		
奥氏体型	12Cr18Ni9	0.15	8.00 ~ 10.0	17.0 ~ 19.0		固溶处理：1010 ~ 1150℃快冷	制作建筑装饰品，制作耐硝酸、冷磷酸、有机酸及盐碱溶液腐蚀的部件
	06Cr19Ni10	0.08	8.00 ~ 11.0	18.0 ~ 19.0		固溶处理：1010 ~ 1150℃快冷	制作食品用设备、抗磁仪表、医疗器械、核能工业设备及部件
铁素体型	10Cr17	0.12	(0.60)	16.0 ~ 18.0		退火：780 ~ 850℃空冷或缓冷	制作重油燃烧部件、建筑装饰品家用电器部件和食品用设备
	008Cr30Mo2	0.01		28.5 ~ 32.0	1.50 ~ 2.50	退火：900 ~ 1050℃快冷	制作耐乙酸、乳酸等有机酸腐蚀的设备和耐荷性碱腐蚀的设备
马氏体型	12Cr13	0.15	(0.60)	11.5 ~ 13.5		淬火：950 ~ 1000℃油冷 回火：700 ~ 750℃快冷	制作汽轮机叶片、内燃机车水泵轴、阀门、阀杆、螺栓
	32Cr13Mo	0.28 ~ 0.35	(0.60)	12.0 ~ 14.0	0.50 ~ 1.00	淬火：1025 ~ 1075℃油冷 回火：200 ~ 300℃油冷、水冷、空冷	制作热油泵轴、阀门轴承、医疗器械弹簧
	68Cr17	0.60 ~ 0.75	(0.60)	16.0 ~ 18.0		淬火：1010 ~ 1070℃油冷 回火：100 ~ 180℃快冷	制作刃具、量具、轴承、手术刀片

不锈钢的化学成分特点是铬的质量分数高，一般 w（Cr）≥10.5%，这样铬在氧化介质中能形成一层具有保护作用的 Cr_2O_3 薄膜，可防止钢材的整个表面被氧化和腐蚀。

铁素体不锈钢中碳的质量分数低，铬的质量分数高。因为铬是缩小 γ 相区的合金元素，可使钢材得到单相铁素体组织。铁素体不锈钢常用于工作应力不大的化工设备（图 7-13）、容器及管道。

图 7-13　不锈钢化工设备

奥氏体不锈钢中铬、镍的质量分数高，经固溶处理后可得到单一奥氏体组织。奥氏体不锈钢具有良好的耐蚀性、焊接性、冷加工性及低温韧性，常用于制作耐蚀性要求较高及冷变形成形的低负荷零件，如吸收塔、酸槽、管道等。

马氏体不锈钢中碳的质量分数、铬的质量分数都较高，淬透性好，但耐蚀性稍差，需经淬火和回火后使用，常用于制作耐蚀性要求不高而力学性能要求较高的零件。

小知识 日常生活中使用的不锈钢主要有两种产品：一是含铬的不锈钢，具有磁性；二是含镍的不锈钢，不具有磁性。含镍的不锈钢具有良好的耐蚀性，因此在选购不锈钢制品时可以用磁铁进行鉴别或注意观察含镍的不锈钢制品上标有“18－8”的标志。

二、耐热钢

耐热钢属于特殊质量合金钢。耐热钢是指在高温下具有良好的化学稳定性或较高强度的钢。钢的耐热性包括钢在高温下具有抗氧化性（热稳定性）和高温热强性（蠕变强度）两个方面。高温抗氧化性是指钢在高温下对氧化作用的抗力；热强性是指钢在高温下对机械载荷作用的抗力。

一般来说，钢材的强度随着温度的升高会逐渐下降，而且不同的钢材在高温下下降的程度是不同的，一般结构钢比耐热钢下降得快些。在耐热钢中主要加入铬、硅、铝等合金元素。这些元素在高温下与氧作用，在钢材表面会形成一层致密的高熔点氧化膜（Cr_2O_3、Al_2O_3、SiO_2），这些氧化膜能有效地保护钢材在高温下不被氧化。另外，加入Mo、W、Ti等元素是为了阻碍晶粒长大，提高耐热钢的高温热强性。耐热钢通常分为抗氧化钢、热强钢和气阀钢。

1. 抗氧化钢

抗氧化钢主要用于长期在高温下工作但强度要求低的零件，如各种加热炉内结构件、渗碳炉构件、加热炉传送带料盘、燃气轮机的燃烧室等。其常用钢种有26Cr18Mn12Si2N和22Cr20Mn10Ni2Si2N等。

2. 热强钢

热强钢不仅要求在高温下具有良好的抗氧化性，而且具有较高的高温强度。常用的热强钢，如12CrMo、15CrMo、15CrMoV、24CrMoV等都是典型的锅炉用钢，可制造在350℃以下工作的零件（如锅炉钢管等）。

3. 气阀钢

气阀钢是热强性较高的钢，主要用于高温下工作的气阀，如14Cr11MoV、158Cr12WMoV、42Cr9Si2钢用于制造600℃以下工作的汽轮机叶片、发动机排气阀、螺栓紧固件等；45Cr14Ni14W2Mo钢是目前应用最多的气阀钢，用于制造工作温度不高于650℃的内燃机重载荷排气阀。

知识点六 特殊物理性能钢

特殊物理性能钢属于特殊质量合金钢，包括永磁钢、软磁钢、无磁钢、高电阻钢及其合金。下面主要介绍永磁钢、软磁钢和无磁钢的性能和应用。

1. 永磁钢

永磁钢具有较高的剩磁感及矫顽力（即不易退磁的能力）特性，即在外界磁场磁化后，能长期保留大量剩磁，要想去磁，则需要很高的磁场强度。

永磁钢一般都具有与高碳工具钢类似的化学成分（$w(C)=1\%$左右），常加入的合金元素是铬、钨和钼等。这类钢淬透性好，经淬火和回火后，其硬度和强度高。永磁钢主要用于制造无线电及通信器材里的永久磁铁装置以及仪表中的马蹄形磁铁（图7-14）。

2. 软磁钢（硅钢片）

磁化后容易去磁的钢称为软磁钢。软磁钢是一种碳的质量分数（$w(C)\leqslant 0.08\%$）很低的铁、硅合金，硅的质量分数为1%～4%，通常轧制成薄片，是一种重要的电工用钢，如电动机的转子与定子、变压器（图7-15）、继电器等都用软磁钢（硅钢片）制作。

图7-14　马蹄形磁铁

图7-15　变压器

硅钢片在常温下的组织是单一的铁素体，硅溶于铁素体后增加了电阻，减少了涡流损失，能在较弱的磁场强度下具有较高的磁感应强度。

硅钢片可分为电动机硅钢片和变压器硅钢片。电动机硅钢片中硅的质量分数较低，为1%～2.5%，塑性好；变压器硅钢片中硅的质量分数较高，为3%～4%，磁性较好，但塑性差。

软磁钢经退火后不仅可以提高其磁性，而且还有利于进行冲压加工。

3. 无磁钢

无磁钢是指在电磁场作用下，不引起磁感或不被磁化的钢。由于这类钢不受磁感应作用，也就不干扰电磁场。无磁钢常用于制作电动机绑扎钢丝绳和护环、变压器的盖板、电动仪表壳体与指针等。

知识点七　低　温　钢

低温钢是指用于制作工作温度在0℃以下的零件和结构件的钢种。它广泛用于低温下工作的设备，如冷冻设备，制药、制氧设备，石油液化气设备（图7-16），航天工业用的高能推进剂液氢等液体燃料的制造设备、南极与北极探险设备等。

衡量低温钢的主要性能指标是低温冲击韧性和韧脆转变温度，即低温冲击韧性越高，韧脆转变温度越低，则其低温性能越好。常用的低温钢主要有低碳锰钢、镍钢及奥氏体不锈

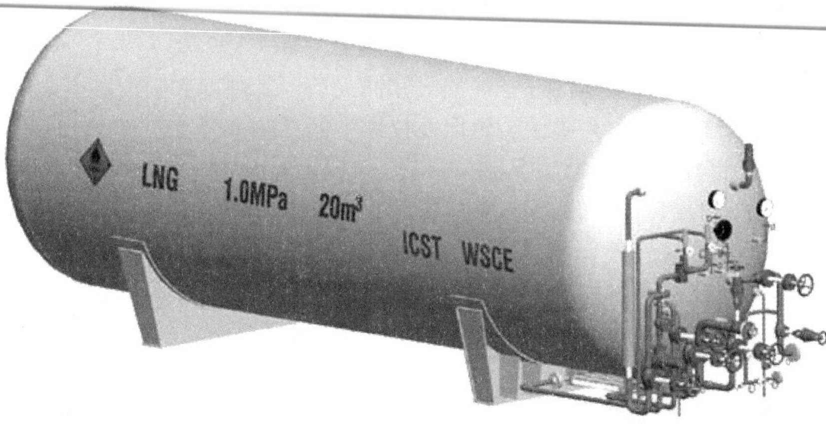

图7-16　液化天然气设备

钢。低碳锰钢适用于 -70～-45℃温度范围，如09MnNiDR、09Mn2VRE等；镍钢使用温度可达 -196℃；奥氏体不锈钢使用温度可达 -269℃，如06Cr19Ni10、12Cr18Ni9等。

知识点八　铸造合金钢

铸造合金钢包括一般工程与结构用低合金铸钢、大型低合金铸钢、特殊铸钢三类。一般工程与结构用低合金铸钢的牌号表示方法基本上与铸造非合金钢相同，不同的是需要在“ZG”后加注字母“D”，如ZGD270-480、ZGD290-510、ZGD345-570等。大型低合金铸钢一般应用于较重要的、复杂的、要求具有较高强度、塑性与韧性以及特殊性能的结构件，如机架、缸体、齿轮、连杆等。大型低合金铸钢的牌号是在合金钢的牌号前加“ZG”，其后第一组数字表示低合金铸钢的名义万分碳的质量分数，随后排列的是各主要合金元素符号及其名义百分质量分数。常用的大型低合金铸钢（合金元素的质量分数小于3%）有ZG35CrMnSi、ZG34Cr2Ni2Mo和ZG65Mn等。

特殊铸钢是指具有特殊性能的铸钢，包括耐磨铸钢（如ZGMn13-1等）、耐热铸钢（ZG30Cr7Si2等）和耐蚀铸钢（ZG12Cr13等），主要用于铸造成形的耐磨件、耐热件及耐腐蚀件。

【综合训练】

一、名词解释

1. 合金元素　2. 合金钢　3. 耐回火性　4. 二次硬化　5. 不锈钢　6. 耐热钢

二、填空题

1. 低合金钢按主要质量等级分为__________钢、__________钢和__________钢。

2. 合金钢按主要质量等级可分为__________钢和__________钢。

3. 特殊物理性能钢包括__________钢、__________钢、__________钢和__________钢及其合金。

4. 机械结构用钢按用途和热处理特点进行分类，分为__________钢、__________钢、

__________钢和__________钢等。

5. 不锈钢按其使用时的组织特征进行分类，可分为__________钢、__________钢、__________钢、__________钢和__________钢五类。

6. 钢的耐热性包括__________性和__________强性两个方面。

7. 60Si2Mn 是__________钢，它的最终热处理方法是__________。

8. 高速钢刀具在切削温度达 600℃时，仍能保持__________和__________。

9. 铬不锈钢为了达到耐腐蚀的目的，其铬的质量分数至少为__________。

10. 超高强度钢按化学成分和强韧化机制分类，可分为__________、__________、__________和__________四类。

11. 常用的低温钢主要有__________钢、__________钢及__________钢。

三、选择题

1. 合金渗碳钢渗碳后必须进行________后才能使用。

A. 淬火加低温回火　　B. 淬火加中温回火　　C. 淬火加高温回火

2. 将下列合金钢牌号进行归类。

耐磨钢________；合金弹簧钢________；合金模具钢__________；不锈钢__________。

A. 60Si2MnA　　B. ZGMn13 – 1　　C. Cr12MoV　　D. 20Cr13

3. 为下列零件正确选材。

机床主轴__________；汽车、拖拉机变速齿轮__________；板弹簧__________；滚动轴承__________；储酸槽__________；坦克履带__________。

A. 12Cr18Ni9　　B. GCr15　　C. 40Cr　　D. 20CrMnTi　　E. 60Si2MnA　　F. ZGMn13 – 3

4. 为下列工具正确选材。

高精度丝锥__________；热锻模__________；冲模__________；医用手术刀片________；麻花钻头__________。

A. Cr12MoVA　　B. CrWMn　　C. 68Cr17　　D. W18Cr4V　　E. 5CrNiMo

四、判断题

1. 大部分低合金钢和合金钢的淬透性比非合金钢好。(　　)

2. 3Cr2W8V 钢一般用来制造冷作模具。(　　)

3. GCr15 钢是高碳铬轴承钢，其铬的质量分数是 15%。(　　)

4. Cr12MoVA 钢是不锈钢。(　　)

5. 40Cr 钢是常用的合金调质钢之一。(　　)

6. 无磁钢是指在电磁场作用下，不引起磁感或不被磁化的钢。(　　)

7. 低温钢是指用于制作工作温度在 0℃以下的零件和结构件的钢种。(　　)

五、简答题

1. 与非合金钢相比，合金钢有哪些优点？

2. 合金元素在钢中以什么形式存在？对钢的性能有哪些影响？

3. 一般来讲，相同碳的质量分数的合金钢比非合金钢的淬火加热温度高，保温时间长，这是什么原因？

4. 下列牌号属何类钢？其数字和符号各表示什么？

20Cr　　9SiCr　　60Si2Mn　　GCr15　　12Cr13　　Cr12

5. 试列表比较合金渗碳钢、合金调质钢、合金弹簧钢、高碳铬轴承钢的典型牌号、常用最终热处理方法及主要用途。

6. 高速钢有何性能特点？回火后为什么硬度会增加？

7. 不锈钢和耐热钢有何性能特点？并举例说明其用途。

8. 耐磨钢常用牌号有哪些？它们为什么具有良好的耐磨性和良好的韧性？并举例说明其用途。

9. 比较冷作模具钢与热作模具钢碳的质量分数、性能要求、热处理工艺有何不同。

六、课外调研

深入现场和借助有关图书资料，了解非合金钢、低合金钢与合金钢在生活和机械制造中的应用情况与价格差别。

第八单元 铸铁

【学习目标】

本单元主要介绍铸铁的分类、组织、性能和应用。在学习过程中，第一，要熟悉铸铁的分类；第二，要特别理解铸铁的组织特征与性能之间的关系，了解不同铸铁之间的性能差别和应用场合，必要时可以观察和联系生活中有关零件或机械设备使用铸铁材料的情况，加深对铸铁的认识和理解。

模块一 铸铁概述

在铁碳相图中，碳的质量分数 $w(C) > 2.11\%$ 的铁碳合金称为铸铁。工业上使用的铸铁是以铁、碳和硅为基础组成的多元合金，从化学成分看，铸铁与钢的主要区别在于铸铁比钢含有较高的碳和硅，并且硫、磷杂质含量较高。常用铸铁的化学成分范围是：$w(C) = 2.5\% \sim 4.0\%$，$w(Si) = 1.0\% \sim 3.0\%$，$w(Mn) = 0.4\% \sim 1.4\%$，$w(P) = 0.1\% \sim 0.5\%$，$w(S) = 0.02\% \sim 0.20\%$。有时为了提高铸铁的力学性能或获得某种特殊性能，需加入铬、钼、钒、铜、铝等合金元素，从而形成合金铸铁。

铸铁广泛应用于农业机械、汽车制造、冶金、矿山、石油化工、机床和重型机械制造、国防工业等行业。按重量计算，在农业机械中铸铁件占 40% ~60%，在汽车制造中铸铁件占 50% ~70%，在机床和重型机械中铸铁件占 60% ~90%。铸铁虽然有较多的优点，但由于其强度、塑性及韧性较差，所以铸铁不能够通过锻造、轧制、拉拔等方法加工成形。

知识点一 铸铁的种类

铸铁的种类很多，根据碳在铸铁中存在的形式不同，铸铁可分为以下几种。

（1）白口铸铁　碳主要以游离渗碳体形式出现的铸铁，断口呈银白色，故称为白口铸铁。

（2）灰铸铁　碳主要以片状石墨形式析出的铸铁，断口呈灰色，故称为灰铸铁。

（3）可锻铸铁　白口铸铁通过石墨化或氧化脱碳退火处理，改变其金相组织或化学成分而获得的有较高韧性的铸铁，称为可锻铸铁。

（4）球墨铸铁　铁液经过球化处理而不是在凝固后经过热处理，使石墨大部分或全部呈球状，有时少量为团絮状的铸铁，称为球墨铸铁。

（5）蠕墨铸铁　金相组织中石墨形态主要为蠕虫状的铸铁，故称蠕墨铸铁。

（6）麻口铸铁　碳部分以游离渗碳体形式析出，部分以石墨形式析出的铸铁，断口呈灰白色相间，故称麻口铸铁。

知识点二　铸铁的石墨化及影响因素

铸铁中的碳以石墨形式析出的过程称为石墨化。在铁碳合金中，碳有两种存在形式：一是渗碳体，其中碳的质量分数为 6.69%；二是自由状态的石墨，用符号 G 表示，碳的质量分数为 100%。石墨具有简单六方晶格结构，如图 8-1 所示。晶格底面的原子间距为 1.42×10^{-10}m，两底面之间的间距为 3.40×10^{-10}m，因其面间距较大，结合力弱，故其结晶形态容易呈现为片状，并且石墨的强度、塑性和韧性很低。

碳在铸铁中以何种形式存在，与铁液的冷却速度有关。缓慢冷却时，从液体或奥氏体中直接析出石墨；快速冷却时，形成渗碳体。渗碳体在高温下进行长时间加热时，可分解为铁和石墨（即 $Fe_3C \xrightarrow{高温} 3Fe + G$），这说明渗碳体是一种亚稳定相，而石墨则是一种稳定相。影响铸铁石墨化的因素较多，其中化学成分和冷却速度是影响石墨化的主要因素。

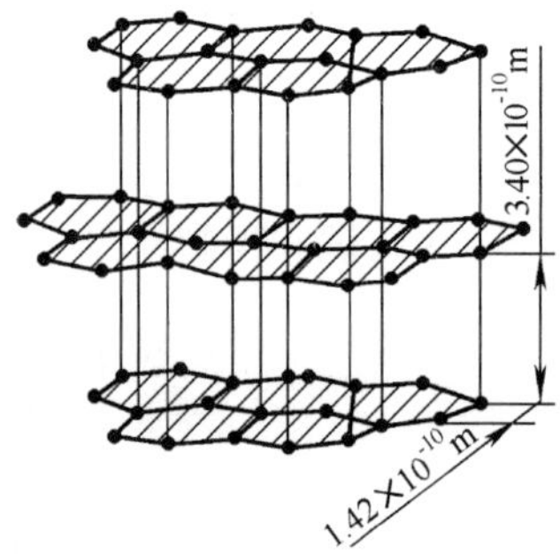

图 8-1　石墨的晶体结构

1. 化学成分的影响

化学成分是影响石墨化过程的主要因素之一。在化学成分中碳和硅是强烈促进石墨化的元素。铸铁中碳和硅的质量分数越大就越容易石墨化。但碳和硅的质量分数过大，会使石墨数量增多并粗化，从而导致铸铁力学性能下降。因此，在铸件壁厚一定的条件下，调整铸铁中碳和硅的质量分数是控制其组织和性能的基本措施之一。

2. 冷却速度的影响

冷却速度是影响石墨化过程的工艺因素。若冷却速度较快，碳原子来不及充分扩散，石墨化难以充分进行，则容易产生白口铸铁组织；若冷却速度缓慢，碳原子有时间充分扩散，有利于石墨化过程充分进行，则容易获得灰铸铁组织。对于薄壁铸件，由于其在成形过程中冷却速度快，则容易产生白口铸铁组织；而对于厚壁铸件，由于其在成形过程中冷却速度较慢，则容易获得灰铸铁组织。

模块二　常用铸铁

知识点一　灰　铸　铁

一、灰铸铁的化学成分、显微组织和性能

1. 化学成分

灰铸铁的化学成分大致是：$w(C)=2.5\%\sim4.0\%$，$w(Si)=1.0\%\sim2.5\%$，$w(Mn)=0.5\%\sim1.4\%$，$w(S)\leqslant0.15\%$，$w(P)\leqslant0.3\%$。

2. 显微组织

由于化学成分和冷却条件的综合影响，灰铸铁的显微组织有三种类型：铁素体（F）+

片状石墨（G）；铁素体（F）+珠光体（P）+片状石墨（G）；珠光体（P）+片状石墨（G）。图8-2所示为铁素体灰铸铁和珠光体灰铸铁的显微组织，灰铸铁的显微组织可以看成是在钢的基体上分布着一些片状石墨。

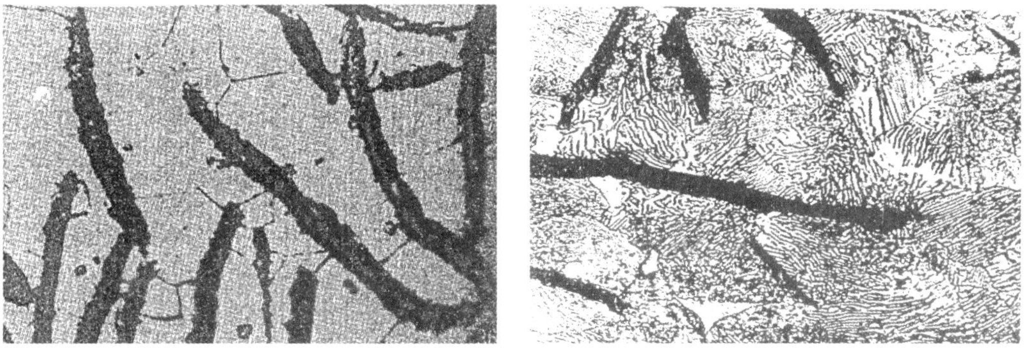

a) b)

图8-2 铁素体灰铸铁和珠光体灰铸铁的显微组织

a）铁素体灰铸铁 b）珠光体灰铸铁

3. 性能

灰铸铁的性能主要决定于其基体组织的性能和石墨的数量、形状、大小及分布状况。基体组织主要影响灰铸铁的强度、硬度、耐磨性及塑性。由于石墨本身的强度、硬度和塑性都很低，因此灰铸铁中存在石墨，就相当于在基体组织上布满了大量的孔洞和裂缝，割裂了基体组织的连续性，从而减小了基体金属的有效承载面积。而且在石墨的尖角处易产生应力集中，造成铸件局部损坏，并迅速扩展形成脆性断裂。这就是灰铸铁的抗拉强度和塑性比同样基体组织的钢低得多的原因。而且，片状石墨越多、越粗大，分布越不均匀，则灰铸铁的强度和塑性就越低。

石墨除有割裂基体的不良作用外，也有它有利的方面，归纳起来大致有以下几个方面。

（1）优良的铸造性能　由于灰铸铁碳的质量分数高、熔点较低、流动性好，因此，凡是不能用锻造方法制造的零件，都可采用铸铁材料进行铸造成形。此外，石墨的比体积较大，当铸件在凝固过程中析出石墨时，部分地补偿了铸件在凝固时基体组织的收缩，故铸铁的收缩量比钢小。

（2）良好的吸振性　由于石墨阻止了晶粒间振动能的传递，并且将振动能转化为热能，所以铸铁中的石墨对振动可以起到缓冲作用。这种性能对于提高机床的精度，减少噪声，延长受振零件的使用寿命很有好处。灰铸铁的这种吸振能力是钢的数倍。因此，灰铸铁广泛用于制作机床床身、床头箱及各类机器底座等工件。

（3）较低的缺口敏感性　灰铸铁中由于石墨的存在，就相当于其内部存在许多的小缺口，故灰铸铁对其表面的小缺陷或小缺口等，几乎不具有敏感性。

（4）良好的可加工性　灰铸铁在进行切削加工时，由于石墨起着减摩和断屑作用，故可加工性好，刀具磨损小。

（5）良好的减摩性　由于石墨本身的润滑作用，以及它从铸铁表面脱落后留下的孔洞具有储存润滑油的能力，故灰铸铁具有良好的减摩性。

另外，灰铸铁在承受压应力时，由于石墨不会缩小有效承载面积和不产生缺口应力集中现象，故灰铸铁的抗压强度与钢相近。灰铸铁的基体组织对灰铸铁力学性能的影响是：当石墨存在的状态一定时，铁素体灰铸铁具有较高的塑性，但强度、硬度和耐磨性较低；珠光体灰铸铁的强度和耐磨性较高，但塑性较低；铁素体－珠光体灰铸铁的力学性能则介于上述两类灰铸铁之间。

二、灰铸铁的孕育处理（变质处理）

在铁液浇注前，往铁液中加入少量的孕育剂（如硅铁或硅钙合金），使铁液内同时生成大量的、均匀分布的石墨晶核，改变铁液的结晶条件，使灰铸铁获得细晶粒的珠光体基体组织和细片状石墨组织的处理过程，称为孕育处理，也称为变质处理。经过孕育处理的灰铸铁，强度有较大的提高，并且塑性和韧性也有所提高。孕育处理常用来制作力学性能要求较高、截面尺寸变化较大的大型铸件。

三、灰铸铁的牌号及用途

灰铸铁的牌号用“HT＋数字”组成。其中“HT”是“灰铁”两字汉语拼音的字首，其后的数字表示灰铸铁的最低抗拉强度，如HT100表示灰铸铁，最低抗拉强度是100MPa。常用灰铸铁的牌号、力学性能及应用举例见表8-1。

表8-1　常用灰铸铁的牌号、力学性能及应用举例

类　别	牌号	力学性能		应用举例
		R_m/MPa	布氏硬度 HBW	
铁素体灰铸铁	HT100	≥100	143～229	制作低载荷和不重要零件，如盖、外罩、手轮、支架
铁素体－珠光体灰铸铁	HT150	≥150	163～229	制作承受中等应力的零件，如底座、床身、工作台、阀体、管路附件及一般工作条件要求的零件
珠光体灰铸铁	HT200	≥200	170～241	制作承受较大应力和重要的零件，如气缸体、齿轮、机座、床身、活塞、齿轮箱、液压缸等
	HT250	≥250	170～241	
孕育铸铁	HT300	≥300	187～255	制作床身导轨、车床、压力机等受力较大的床身、机座、主轴箱、卡盘、齿轮等，高压液压缸、泵体、阀体、衬套、凸轮、大型发动机的曲轴、气缸体等
	HT350	≥350	197～269	

四、灰铸铁的热处理

对于铸铁来说，热处理只能改变灰铸铁的基体组织，而不能改变石墨的形状、大小和分布情况。因此，热处理一般是用于消除铸件的内应力和白口组织，稳定铸件尺寸和提高铸件工作表面的硬度及耐磨性。由于石墨的导热性差，因此灰铸铁在热处理过程中其加热速度要比非合金钢稍慢些。

1. 去应力退火（时效处理）

铸铁件在冷却过程中，因各部位的冷却速度不同，会造成其收缩不一致，从而产生一定的内应力。这种内应力可以通过铸件的变形得到缓解，但是这一过程比较缓慢。因此，铸件在成形后一般都需要进行去应力退火（时效处理），特别是一些大型、复杂或加工精度较高的铸件（如床身、机架等），必须进行时效处理。

铸件去应力退火是将铸件缓慢加热到500～650℃，保温一定时间（2～6h），利用塑性变形降低内应力，然后随炉缓冷至200℃以下出炉空冷，也称为人工时效。经过去应力退火后，可消除铸件内部90%以上的内应力。对大型铸件可采用自然时效，即将铸件在露天放置半年以上，使铸造应力缓慢松弛，从而使铸件尺寸稳定。典型去应力退火工艺曲线如图8-3所示。

去应力退火温度越高，铸件的内应力消除得越充分，同时铸件尺寸稳定性越好。但随着铸件去应力退火温度的升高，铸件去应力退火后的力学性能会有所下降。因此，要合理选择去应力退火温度。一般可按下列公式选择去内应力退火温度

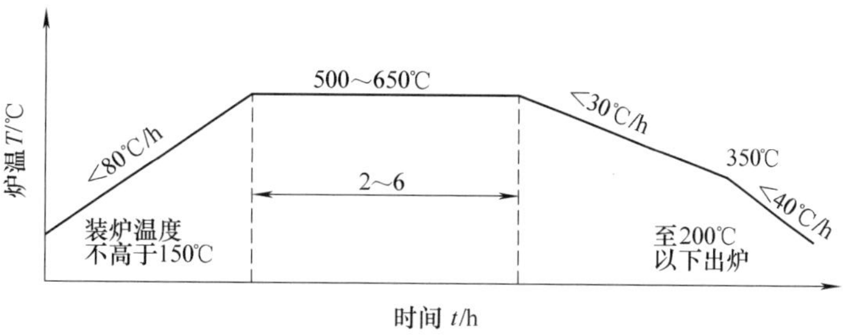

图8-3　典型去应力退火工艺曲线

$$T = 480 + 0.4R_m$$

保温时间一般按每小时热透铸件25mm厚计算。加热速度一般控制在80℃/h以下，复杂零件控制在20℃/h以下。冷却速度一般控制在30℃/h以下，炉冷至200℃后出炉空冷。

铸件表面被切削加工后，破坏了原有应力场，会导致铸件内应力的重新分布。因此，去应力退火一般安排在铸件粗加工后进行。对于要求特别高的精密零件，可在铸件成形和粗加工后分别进行两次去应力退火。

2. 软化退火

铸铁件在其表面或某些薄壁处易出现白口组织，故需利用软化退火来消除白口组织，以改善其可加工性。

软化退火是将铸件缓慢加热到850～950℃，保持一定时间（一般为1～3h），使渗碳体分解（$Fe_3C \xrightarrow{高温} A + G$），然后随炉冷却至400～500℃出炉空冷，得到以铁素体或铁素体－珠光体为基体的灰铸铁。

3. 正火

铸铁件正火是将铸件加热到850～920℃，经1～3h保温后，出炉空冷，得到以珠光体为基体的灰铸铁。

4. 表面淬火

表面淬火的目的是提高铸件（如内燃机气缸套内壁、机床导轨表面等）表面硬度和耐磨性。常用的表面淬火方法有火焰淬火、高频与中频感应淬火和接触电阻加热淬火等，如机床导轨表面采用接触电阻加热淬火后，其表面的耐磨性会显著提高，而且导轨变形小。

铸件进行表面淬火前，一般需进行正火处理，以保证其获得65%以上的珠光体组织。铸件淬火后，表面能获得马氏体＋石墨组织，表面硬度可达55HRC。

知识点二　球墨铸铁

球墨铸铁是20世纪50年代发展起来的一种新型铸铁，是由普通灰铸铁熔化的铁液经过

球化处理得到的。球化处理的方法是在铁液出炉后，浇注前加入一定量的球化剂（稀土镁合金等）和等量的孕育剂，使石墨呈细小球状析出。

一、球墨铸铁的化学成分、显微组织和性能

1. 化学成分

球墨铸铁的化学成分大致是：$w(C)=3.6\%\sim3.9\%$；$w(Si)=2.0\%\sim2.8\%$，$w(Mn)=0.6\%\sim0.8\%$，$w(S)<0.04\%$，$w(P)<0.1\%$，$w(Mg)=0.03\%\sim0.05\%$。

2. 显微组织

按球墨铸铁基体组织的不同，球墨铸铁的组织可分为三种：铁素体(F)+球状石墨(G)；铁素体(F)+珠光体(P)+球状石墨(G)；珠光体(P)+球状石墨(G)。图8-4所示为铁素体球墨铸铁的显微组织。

3. 性能

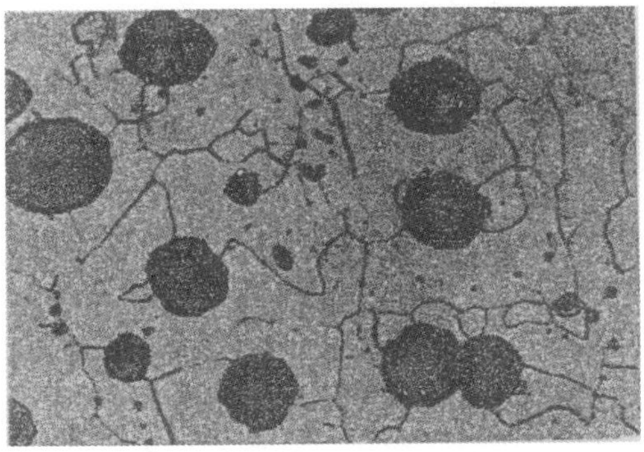

图8-4 铁素体球墨铸铁的显微组织

球墨铸铁的力学性能与其基体组织的类型以及球状石墨的大小、形状及分布状况有关。由于球状石墨对基体组织的割裂作用最小，又无应力集中作用，所以基体组织的强度、塑性和韧性可以充分发挥。石墨球的圆整度越好，球径越小，分布越均匀，则球墨铸铁的力学性能越好。球墨铸铁的力学性能优于灰铸铁，具有较高的强度和良好的塑性与韧性，性能与钢相近，如屈服强度比碳素结构钢高，疲劳强度接近中碳钢。同时，它还具有与灰铸铁相类似的优良性能。此外，球墨铸铁通过各种热处理，可以明显地提高其力学性能。但是，球墨铸铁的收缩率较大，流动性稍差，对原材料及处理工艺要求较高。球墨铸铁可以替代铸钢或锻件，常用于制造汽车、拖拉机或柴油机中的连杆、凸轮轴、齿轮、曲轴和机床中的蜗轮、蜗杆、主轴等。

二、球墨铸铁的牌号及用途

球墨铸铁的牌号用“QT+数字-数字”表示。“QT”是“球铁”两字汉语拼音的字首，两组数字分别代表球墨铸铁的最低抗拉强度和最低伸长率。表8-2为部分球墨铸铁的牌号、力学性能及用途。

表8-2 部分球墨铸铁的牌号、力学性能及用途

基体类型	牌号	R_m /MPa	$R_{r0.2}$ /MPa	$A_{11.3}$ (%)	布氏硬度 HBW	应用举例
铁素体	QT400-15	400	250	15	130~180	制作阀体，汽车、内燃机车零件，机床零件，减速器壳
	QT450-10	450	310	10	160~210	
铁素体-珠光体	QT500-7	500	320	7	170~230	制作机油泵齿轮，机车、车辆轴瓦
珠光体	QT700-2	700	420	2	225~305	制作柴油机曲轴、凸轮轴，气缸体、气缸套、活塞环
	QT800-2	800	480	2	245~335	
下贝氏体	QT900-2	900	600	2	280~360	制作汽车弧齿锥齿轮，拖拉机减速齿轮，柴油机凸轮轴

三、球墨铸铁的热处理

球墨铸铁的热处理工艺性能较好，凡是钢可以进行的热处理工艺，一般都适合于球墨铸铁，而且球墨铸铁通过热处理改善性能的效果比较明显。球墨铸铁常用的热处理工艺有以下几种。

（1）退火 退火的主要目的是得到铁素体基体的球墨铸铁，提高其塑性和韧性，改善可加工性，消除内应力。

（2）正火 正火的目的是得到珠光体基体的球墨铸铁，提高其强度和耐磨性。

（3）调质 调质的目的是获得回火索氏体基体的球墨铸铁，从而使铸件获得高的综合力学性能，如柴油机连杆、曲轴等零件。

（4）贝氏体等温淬火 贝氏体等温淬火是为了得到贝氏体基体的球墨铸铁，从而获得高强度、高硬度和较高韧性的综合力学性能。贝氏体等温淬火适用于形状复杂、易变形或易开裂的铸件，如齿轮和凸轮轴等。

知识点三 蠕墨铸铁

蠕墨铸铁是20世纪60年代开发的一种新型铸铁材料。它是用高碳、低硫、低磷的铁液加入蠕化剂（稀土镁钛合金、稀土镁钙合金、稀土硅铁合金等），经蠕化处理后获得的高强度铸铁。

一、蠕墨铸铁的化学成分、显微组织和性能

1. 化学成分

蠕墨铸铁的原铁液一般属于含高碳硅的共晶合金或过共晶合金。

2. 显微组织

蠕墨铸铁中的石墨呈短小的蠕虫状，其形状介于片状石墨和球状石墨之间，如图8-5所示。

蠕墨铸铁的显微组织有三种类型：铁素体（F）+蠕虫状石墨（G）；珠光体（P）+铁素体（F）+蠕虫状石墨（G）；珠光体（P）+蠕虫状石墨（G）。

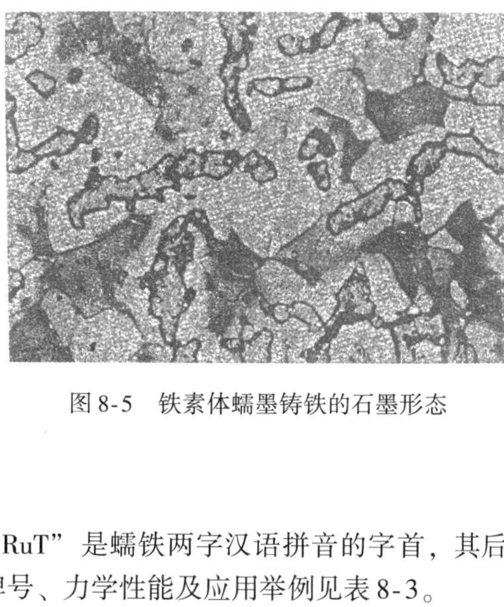

图8-5 铁素体蠕墨铸铁的石墨形态

3. 性能

蠕虫状石墨对基体产生的应力集中与割裂现象明显减小，因此蠕墨铸铁的力学性能优于基体组织相同的灰铸铁而低于球墨铸铁，而且蠕墨铸铁在铸造性能、导热性能等方面要比球墨铸铁好。

二、蠕墨铸铁的牌号及用途

蠕墨铸铁的牌号用“RuT+数字”表示。“RuT”是蠕铁两字汉语拼音的字首，其后数字表示蠕墨铸铁的抗拉强度。常用蠕墨铸铁的牌号、力学性能及应用举例见表8-3。

由于蠕墨铸铁具有较好的力学性能以及良好的铸造性能和导热性能，故常用于制造受热、循环载荷、要求组织致密、强度较高、形状复杂的大型铸件，如机床的立柱、柴油机的气缸盖、气缸套和排气管等。

表8-3　常用蠕墨铸铁的牌号、力学性能及应用举例

基体类型	牌号	R_m/MPa	$R_{r0.2}$/MPa	$A_{11.3}$(%)	布氏硬度HBW	应用举例
		不小于				
珠光体	RuT420	420	335	0.75	200～280	适合于制造高强度或高耐磨性的重要铸件，如制动盘、制动鼓、气缸套等重要铸件
珠光体	RuT380	380	300	0.75	193～274	
铁素体－珠光体	RuT340	340	270	1.0	170～249	适合于制造较高强度、刚度及耐磨的零件，如大型齿轮箱体、盖，飞轮，起重机卷筒等
铁素体－珠光体	RuT300	300	240	1.5	140～217	适合于制造较高强度及耐热疲劳的零件，如气缸盖、排气管、变速器体等
铁素体	RuT260	260	195	3.0	121～197	适合于制造受冲击及热疲劳的零件，如汽车及拖拉机的底盘零件、增压机的废气进气壳体等

知识点四　可锻铸铁

可锻铸铁俗称马铁。它是由一定化学成分的白口铸铁经可锻化退火，使渗碳体分解从而获得团絮状石墨的铸铁。

一、可锻铸铁的化学成分、显微组织和性能

1. 化学成分

为了保证铸件在冷却时获得白口组织，又要在退火时容易使渗碳体分解，并呈团絮状石墨析出，要求严格控制铁液的化学成分。与灰铸铁相比，可锻铸铁中碳和硅的质量分数较低，以保证铸件获得白口组织。一般可锻铸铁中 $w(C) = 2.2\% \sim 2.8\%$，$w(Si) = 1.2\% \sim 1.8\%$。

2. 显微组织

可锻化退火是将白口铸铁件加热到900～980℃，经长时间保温，使组织中的渗碳体分解为奥氏体和石墨（团絮状），然后缓慢降温，奥氏体将在已形成的团絮状石墨上不断析出石墨。当冷却至共析转变温度范围（720～770℃）时，如果缓慢冷却，得到以铁素体为基体的黑心可锻铸铁，也称为铁素体可锻铸铁，其工艺曲线如图8-6中的图线①所示；如果在通过共析转变温度时的冷却速度较快，则得到以珠光体为基体的可锻铸铁，其工艺曲线如图8-6中的图线②所示。黑心可锻铸铁的显微组织如图8-7所示。

3. 性能

由于可锻铸铁中的石墨呈团絮状，对其基体组织的割裂作用较小，因此其力学性能比灰铸铁有所提高，但可锻铸铁并不能进行锻压加工。可锻铸铁的基体组织不同，其性能也不一

样，其中黑心可锻铸铁具有较高的塑性和韧性，而珠光体可锻铸铁则具有较高的强度、硬度和耐磨性。

二、可锻铸铁的牌号及用途

可锻铸铁的牌号由“KTH + 数字 - 数字”或“KTZ + 数字 - 数字”组成。其中前两个字母“KT”是“可铁”两字汉语拼音的字首；第三个字母代表类别，“H”表示“黑心”(即铁素体基体)，“Z”表示珠光体基体；其后的两组数字分别表示可锻铸铁的最低抗拉强度和最低伸长率。表 8-4 列出了可锻铸铁的牌号、力学性能及应用举例。

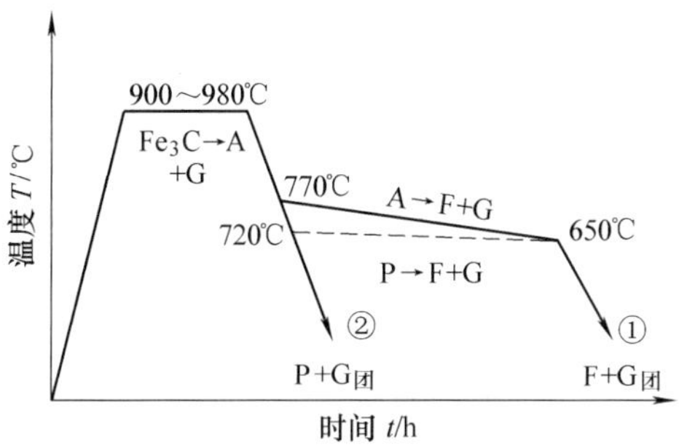

图 8-6　可锻铸铁可锻化退火工艺曲线

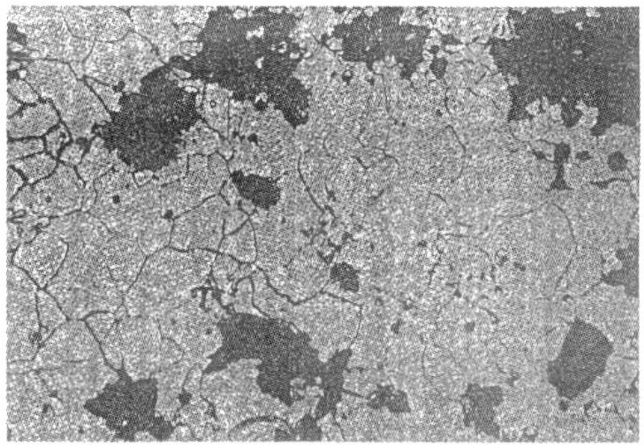

图 8-7　黑心可锻铸铁的显微组织

表 8-4　可锻铸铁的牌号、力学性能及应用举例

类型	牌号	R_m/MPa	$A_{11.3}$（%）	布氏硬度 HBW	应用举例
		不小于			
黑心可锻铸铁	KTH300 - 06	300	6	≤150	制作汽车、拖拉机的后桥外壳、转向机构、弹簧钢板支座，低压阀门，管接头，扳手，铁道扣板和农具等
	KTH330 - 08	330	8		
	KTH350 - 10	350	10		
	KTH370 - 12	370	12		
珠光体可锻铸铁	KTZ550 - 04	550	4	180 ~ 230	制作曲轴、连杆、齿轮、凸轮轴、摇臂、棘轮和活塞环等
	KTZ700 - 02	700	2	240 ~ 290	

可锻铸铁具有铁液处理简单、质量比球墨铸铁稳定、容易组织流水线生产、低温韧性好等优点，广泛应用于汽车、拖拉机等机械制造行业，用于制造形状复杂、承受冲击载荷的薄壁（厚度 <25mm）、中小型零件。但可锻铸铁的退火时间较长（几十小时），能源消耗大，生产率低，成本高。

模块三　合金铸铁

常规元素硅、锰含量高于普通铸铁规定含量或含有其他合金元素，具有较高力学性能或某种特殊性能的铸铁，称为合金铸铁。常用的合金铸铁有耐磨铸铁、耐热铸铁及耐蚀铸铁等。

知识点一　耐磨铸铁

不易磨损的铸铁称为耐磨铸铁。耐磨铸铁通常通过激冷或向铸铁中加入铬、钨、钼、铜、锰、磷等元素，在铸铁中形成一定数量的硬化相来提高其耐磨性。耐磨铸铁按其工作条件大致可分为两类：减摩铸铁和抗磨铸铁。

减摩铸铁是在润滑条件下工作的耐磨铸铁，如机床导轨、气缸套、活塞环和轴承等。减摩铸铁要求磨损小、摩擦因数小、导热性好、可加工性好。为了满足上述性能要求，减摩铸铁的组织应为软基体上均匀分布着硬组织。这种组织工作时，在摩擦的作用下，软基体下凹，保存油膜，均匀分布的硬组织起耐磨作用。珠光体灰铸铁基本上符合组织要求，在珠光体基体中铁素体为软基体，渗碳体为硬组织，石墨片本身是良好的润滑剂，并且由于石墨组织的“松散”特点，所以石墨所在之处可以贮存润滑油，从而达到润滑摩擦表面的效果。常用减摩铸铁是耐磨灰铸铁，其牌号用字母“HTM”表示，数字表示合金元素质量分数的百分数，如HTMCu1Cr1Mo等。

抗磨铸铁是具有较好的抗磨料磨损性能的铸铁。抗磨铸铁是在无润滑、干摩擦条件下工作的，如犁铧、轧辊（图8-8）、抛丸机叶片、球磨机磨球、拖拉机履带板、发动机凸轮等。抗磨铸铁要求具有均匀的高硬度组织，其内部组织一般是莱氏体、马氏体、贝氏体等。生产中通常采用激冷方式或向铸铁中加入铬、钨、钼、铜、锰、磷、硼等元素的方法，在铸铁中形成一定数量的硬化相来提高其耐磨性，如合金白口铸铁、中锰球墨铸铁、冷硬铸铁等，都是较好的抗磨铸铁。

图8-8　轧辊

抗磨白口铸铁的牌号由“BTM”＋合金元素符号和数字组成，如BTMCr15Mo等。如果是抗磨球墨铸铁，则牌号中用字母“QTM”表示，数字表示合金元素质量分数的百分数，如QTMMn8－30等。如果是冷硬灰铸铁，则牌号中用字母“HTL”表示，数字表示合金元素质量分数的百分数，如HTLCr1Ni1Mo。

知识点二　耐热铸铁

可以在高温下使用，抗氧化或抗生长性能符合使用要求的铸铁，称为耐热铸铁。铸铁在反复加热、冷却时产生体积长大的现象称为铸铁的生长。在高温下铸铁产生的体积膨胀是不可逆的，这是由于铸铁内部发生氧化现象和石墨化现象引起的。因此，铸铁在高温下损坏的形式主要是在反复加热和冷却过程中发生相变（渗碳体分解）和氧化，从而引起铸铁生长以及产生微裂纹。

为了提高铸铁的耐热性，常向铸铁中加入硅、铝、铬等合金元素，使铸铁表面形成一层致密的 SiO_2、Al_2O_3、Cr_2O_3 氧化膜，阻止氧化性气体渗入铸铁内部产生内氧化，从而抑制铸铁的生长。

常用耐热铸铁牌号有 HTRCr、HTRCr2、HTRSi5、QTRSi4、QTRAl22 等。牌号中的“HTR”和“QTR”分别表示耐热灰铸铁和耐热球墨铸铁，数字表示合金元素质量分数的百分数。

耐热铸铁主要用于制作工业加热炉附件，如炉底板、炉条、烟道挡板、废气道、传递链构件、渗碳（炉）罐、热交换器和压铸型等。

知识点三 耐蚀铸铁

能耐化学、电化学腐蚀的铸铁，称为耐蚀铸铁。耐蚀铸铁中通常加入的合金元素是硅、铝、铬、镍、钼、铜等。这些合金元素能使铸铁表面生成一层致密稳定的氧化物保护膜，从而提高耐蚀铸铁的耐蚀能力。常用的耐蚀铸铁有高硅耐蚀铸铁、高硅钼耐蚀铸铁、高铝耐蚀铸铁、高铬耐蚀铸铁和镍铸铁等。耐蚀铸铁主要用于化工机械，如管道、阀门（图 8-9）、耐酸泵、反应锅及容器等。

图 8-9 阀门

在高硅耐蚀铸铁中加入铜元素，可以改善其在碱性介质中的耐蚀性；在高硅耐蚀铸铁中加入钼元素，可以改善其在沸腾盐酸介质中的耐蚀性。此外，向高硅耐蚀铸铁中加入微量的硼或稀土镁合金进行球化处理，可以提高其力学性能。

常用高硅耐蚀铸铁的牌号有 HTSSi11Cu2CrRE、HTSSi15RE、HTSSi15Cr4Mo3RE、HTSSi15Cr4RE 等。牌号中的“HTS”表示高硅耐蚀灰铸铁，“RE”是稀土元素代号，数字表示合金元素质量分数的百分数。

想一想 我国的铜钱币（图 8-10）为什么是外圆内方呢？有人分析是为了便于穿绳好携带，有人说是为了减轻质量，节约金属。其实铜钱币外圆内方有两个原因：一是受中国古代传统思想影响，即天圆地方；二是由铜钱币的制作工艺决定的，铜熔化注入范模中后，铜钱币的边缘总是有许多的毛刺，要去掉毛刺需要一个一个地进行锉削加工，很费事。因此，需要在铜钱币的中间留方孔，便于将多个铜钱串在方形棍上，这样做可以提高锉削加工效率。因此，我国的铜钱币是外圆内方的。

【综 合 训 练】

一、名词解释

1. 白口铸铁　2. 可锻铸铁　3. 灰铸铁　4. 球墨铸铁　5. 蠕墨铸铁　6. 合金铸铁

二、填空题

1. 根据铸铁中碳的存在形式，铸铁分为______、______、______、______、______、______等。

2. 灰铸铁具有良好的______性、______性、______性、______性及较低的______性等。

3. 可锻铸铁是由一定化学成分的______经可锻化______，使______分解获得______石墨的铸铁。

4. 常用的合金铸铁有______铸铁、______铸铁及______铸铁等。

图8-10　中国铜钱币

三、选择题

1. 为了提高灰铸铁的表面硬度和耐磨性，采用______热处理方法效果较好。

A. 接触电阻加热淬火　B. 等温淬火　C. 渗碳后淬火加低温回火

2. 球墨铸铁经______可获得铁素体基体组织；球墨铸铁经______可获得下贝氏体基体组织。

A. 退火　　B. 正火　　C. 贝氏体等温淬火

3. 为下列零件正确选材。

机床床身______；汽车后桥外壳______；柴油机曲轴______；排气管______。

A. RuT300　　B. QT700－2　　C. KTH330－10　　D. HT300

4. 为下列零件正确选材。

轧辊______；炉底板______；耐酸泵______。

A. HTSSi11Cu2CrRE　　B. HTRCr2　　C. 抗磨铸铁

四、判断题

1. 热处理可以改变灰铸铁的基体组织，但不能改变石墨的形状、大小和分布情况。(　　)

2. 可锻铸铁比灰铸铁的塑性好，因此可以进行锻压加工。(　　)

3. 厚壁铸铁件的表面硬度总比其内部高。(　　)

4. 可锻铸铁一般只适用于薄壁小型铸件。(　　)

5. 白口铸铁件的硬度适中，易于进行切削加工。(　　)

五、简答题

1. 影响铸铁石墨化的因素有哪些？

2. 球墨铸铁是如何获得的？它与相同基体组织的灰铸铁相比，突出的性能特点是什么？

3. 下列牌号各表示什么铸铁？牌号中的数字表示什么意义？

①HT250 ②QT700-2 ③KTH330-08 ④KTZ550-04 ⑤RuT420 ⑥HTRSi5

4. 常用铸铁有哪几种类型的基体组织？为什么会出现这些不同的基体组织？

六、课外调研

观察铸铁在生活和生产中的应用及生产方法，分析铸铁在机械设备制造中的地位和作用。

第九单元 非铁金属及其合金

【学习目标】

本单元主要介绍非铁金属材料的分类、性能和应用等内容。在学习过程中，第一，要了解非铁金属材料的分类、性能特点和应用，并与钢铁材料进行对比；第二，要了解部分非铁金属材料的强化手段和热处理特点，分析其与钢铁材料的不同之处。例如，部分铝合金的热处理强化手段是固溶加时效，与钢铁材料的强化方法明显不同。

非铁金属材料是除钢铁材料以外的其他金属材料的总称，如铝、镁、铜、锌、锡、铅、镍、钛、金、银、铂、钒、钼等金属及其合金就属于非铁金属材料。非铁金属材料的种类很多，由于冶炼比较困难，成本较高，故其产量和使用量远不如钢铁材料多。但是，由于非铁金属材料具有某些特殊的物理和化学性能，是钢铁材料所不具备的，因而使其成为现代工业中不可缺少的重要的金属材料，广泛应用于机械制造、航空、航海、汽车、石化、电力、电器、核能及计算机等方面。常用的非铁金属材料有铝及铝合金、铜及铜合金、钛及钛合金、镁及镁合金、滑动轴承合金及硬质合金等。

模块一 铝及铝合金

在非铁金属中，铝及铝合金是应用最广的金属材料，其在地球上的储存量比铁多，而且目前铝的产量仅次于钢铁材料。铝及铝合金广泛用于电器、汽车、车辆、化工等方面，也是航空和航天工业的主要结构材料。

根据GB/T16474—2011《变形铝及铝合金牌号表示方法》的规定，我国变形铝及铝合金牌号表示采用国际四位数字体系牌号和四位字符体系牌号两种命名方法。在国际牌号注册组织中注册命名的铝及铝合金，直接采用四位数字体系牌号，按化学成分在国际牌号注册组织未命名的，则按四位字符体系牌号命名，两种牌号命名方法的区别仅在第二位。牌号第一位数字表示变形铝及铝合金的组别，见表9-1；牌号第二位数字（国际四位数字体系）或字母（四位字符体系，除字母C、I、L、N、O、P、Q、Z外）表示对原始纯铝或铝合金的改型情况，数字“0～9”表示原始合金或是对铝合金的修约次数，或是对纯铝杂质极限含量或合金元素极限含量的控制情况；字母“A”表示原始合金，字母“B～Y”则表示对原始合

表9-1 铝及铝合金的组别分类

组　别	牌号系列
纯铝（铝含量不小于99.00%）	1×××
以铜为主要合金元素的铝合金	2×××
以锰为主要合金元素的铝合金	3×××

（续）

组　　别	牌号系列
以硅为主要合金元素的铝合金	4×××
以镁为主要合金元素的铝合金	5×××
以镁和硅为主要合金元素并以 Mg_2Si 为强化相的铝合金	6×××
以锌为主要合金元素的铝合金	7×××
以其他合金元素为主要合金元素的铝合金	8×××
备用合金组	9×××

金的改型情况；最后两位数字用以标识同一组中不同的铝合金，对于纯铝则表示铝的最低质量分数中小数点后面的两位数。

知识点一　纯　　铝

一、纯铝的性能

铝的质量分数不低于99.00%时为纯铝。纯铝是银白色的轻金属，其密度（$2.7g/cm^3$）小，约为铁的1/3；纯铝的熔点（660℃）低，结晶后具有面心立方晶格，无同素异构转变现象；纯铝有良好的导电和导热性能，仅次于银和铜，室温下纯铝的导电能力约为铜的60%~64%；铝和氧的亲和力强，容易在其表面形成致密的 Al_2O_3 薄膜，该薄膜能有效地防止铝继续氧化，故纯铝在非工业污染的大气中有良好的耐蚀性，但其不耐碱、酸、盐等介质的腐蚀；纯铝的塑性好（$A_{11.3}\approx40\%$，$Z\approx80\%$），但强度低（$R_m\approx80\sim100MPa$），用热处理不能强化，冷变形强化是提高纯铝强度的主要手段，纯铝经冷变形强化后，其强度可提高到150~250MPa，而塑性则下降到 $Z=50\%\sim60\%$。

二、纯铝的牌号及应用

根据GB/T 16474—2011《变形铝及铝合金牌号表示方法》的规定，纯铝牌号用1×××四位数字或四位字符表示，牌号的最后两位数字表示最低铝的质量分数。当最低铝的质量分数精确到0.01%时，牌号的最后两位数字就是最低铝的质量分数中小数点后面的两位。例如，1A99（原LG5），其 $w(Al)=99.99\%$；1A97（原LG4），其 $w(Al)=99.97\%$；1A93（原LG3），其 $w(Al)=99.93\%$ 等。

纯铝主要用于熔炼铝合金，制造电线、电缆、电器元件、换热器件以及要求制作质轻、导热与导电、耐大气腐蚀但强度要求不高的机电构件等。

知识点二　铝　合　金

纯铝的强度低，不适合制作承受较重载荷的零件，在纯铝中加入一种或几种其他元素（如铜、镁、硅、锰、锌等），则可以形成铝合金。铝合金经过冷加工或热处理，其抗拉强度可进一步提高到500MPa以上。而且，铝合金的比强度（抗拉强度与密度的比值）高，有良好的耐蚀性和可加工性，因此在汽车制造、民用产品、航空和航天工业中得到了广泛应用。

一、铝合金的分类

根据铝合金相图（图 9-1），可将铝合金分为变形铝合金和铸造铝合金两类。相图中的 *DF* 线是合金元素在 α 固溶体中的溶解度变化曲线，*D* 点是合金元素在 α 固溶体中的最大溶解度。合金元素含量低于 *D* 点成分的合金，当加热到 *DF* 线以上时，能形成单相固溶体（α）组织，因而其塑性较高，适合于压力加工，故称为变形铝合金。其中合金元素含量在 *F* 点以左的合金，由于其固溶体成分不随温度而变化，不能进行热处理强化，称为热处理不可强化铝合金；而成分在 *F* 点以右的铝合金（包括铸造铝合金），其固溶体成分随温度变化而沿 *DF* 线变化，可以用热处理方法使合金强化，称为热处理可强化铝合金。合金元素含量超过 *D* 点成分的合金，具有共晶组织，适合于铸造加工，不适合于压力加工，故称为铸造铝合金。

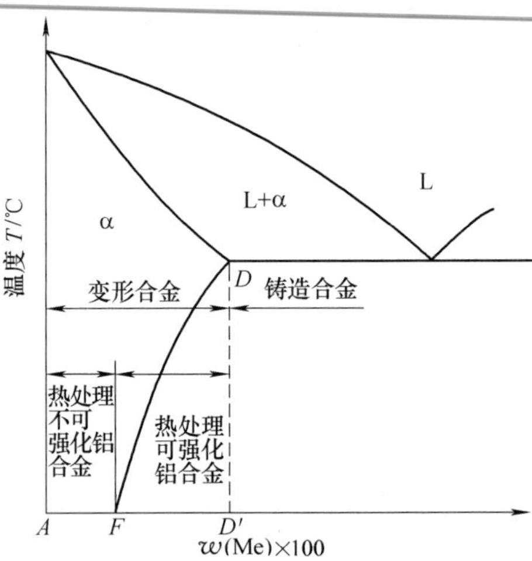

图 9-1　二元铝合金相图的一般类型

常用铝合金的分类如下：

- 铝合金
  - 变形铝合金
    - 热处理不可强化铝合金——防锈铝
    - 热处理可强化铝合金
      - 硬铝
      - 超硬铝
      - 锻铝
  - 铸造铝合金
    - 铝硅合金
    - 铝铜合金
    - 铝镁合金
    - 铝锌合金

二、变形铝合金

变形铝合金能够进行压力加工，并可加工成各种形态、规格的铝合金型材（如板、带、箔、管、线、型及锻件等），主要用于制造航空器材、建筑装饰材料、交通车辆材料、舰船用材、各种人造地球卫星和空间探测器的主要结构材料等。根据能否进行热处理强化来分类，变形铝合金可分为热处理不能强化变形铝合金和热处理能强化变形铝合金两大类。其中热处理不能强化变形铝合金不能通过热处理来提高其力学性能，只能通过冷变形加工来实现强化，主要包括纯铝和防锈铝。热处理能强化变形铝合金可以通过淬火和时效等热处理手段来提高其力学性能，主要包括硬铝、超硬铝和锻铝。部分变形铝合金的牌号、主要特性、用途见表 9-2（摘自 GB/T 3190—2008《变形铝及铝合金化学成分》）。

1. 防锈铝

防锈铝属于 Al－Mn 系和 Al－Mg 系铝合金，也是不能进行热处理强化的变形铝合金，一般只能通过冷变形加工提高其强度。防锈铝具有适中的强度、优良的塑性及良好的焊接性，具有比纯铝更好的耐蚀性和强度，故称防锈铝。防锈铝主要用于制造要求具有高耐蚀性的油罐、油箱、导管、生活用器皿、窗框（图 9-2）、车辆、铆钉及防锈蒙皮等。

表 9-2　部分变形铝合金的牌号、主要特性及用途

类别	牌号	主要特征	用途举例
防锈铝	5A02	热处理不能强化，强度不高，塑性与耐蚀性好，焊接性好	制作在液体介质中工作的零件（如油箱、油管、液体容器、防锈蒙皮等）、中载荷零件和焊接件
	3A21		
硬铝	2A11	可热处理强化，力学性能良好，但耐蚀性不高	制作中高强度的零件和构件，如飞机骨架、螺旋桨叶片、蒙皮、螺栓和铆钉，局部墩粗等零件
	2A12		
超硬铝	7A04	室温强度高，塑性较低，耐蚀性不高	制作高载荷零件，如飞机上的大梁、桁条、加强框、起落架等
	7A09		
锻铝	2A50	高强度锻铝，锻造性能好，耐蚀性不高，可加工性好	制作形状复杂和中等强度的锻件、冲压件等
	2A70	耐热锻铝，热强性较高，耐蚀性不高，压力加工性好	制作内燃机活塞、中轮、胀圈、叶片和在高温下工作的复杂锻件等

2. 硬铝

硬铝属于 Al－Cu－Mg 系铝合金。这类铝合金经固溶和时效处理后能获得较高的强度，故称硬铝。硬铝的耐蚀性比纯铝差，尤其是耐海洋大气腐蚀的性能较低。所以，有些硬铝的板材常在表面包覆一层纯铝后使用。硬铝主要用于制作中等强度的构件和零件，如铆钉、螺栓，航空工业中的一般受力结构件（如飞机翼肋、翼梁、螺旋桨叶片等）。

3. 超硬铝

超硬铝属于 Al－Cu－Mg－Zn 系铝合金。这类铝合金是在硬铝的基础上再添加锌元素而形成的，其强度高于硬铝，但耐蚀性较差。超硬铝经固溶处理和人工时效后，可以获得在室温条件下强度最高的铝合金，主要用于制作受力大的重要构件及高载荷零件，如飞机大梁、飞机桁架（图 9-3）、飞机翼肋（图 9-4）、活塞、加强框、起落架、螺旋桨叶片等。

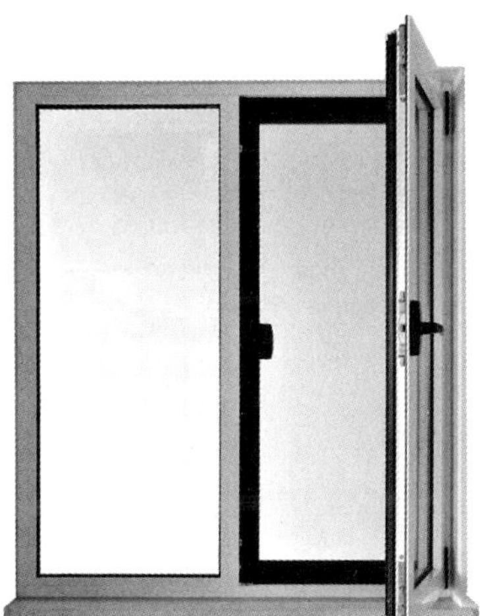

图 9-2　铝合金窗框

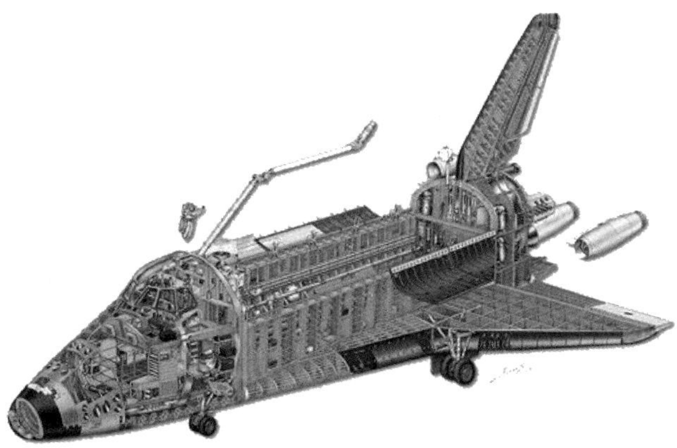

图 9-3　飞机桁架

4. 锻铝

锻铝大多属于 Al－Cu－Mg－Si 系铝合金。其力学性能与硬铝相近，但由于其热塑性较好，因此适合于进行压力加工，如锻压、冲压等。锻铝可用来制造各种形状复杂的零件或制成棒材。

三、铸造铝合金

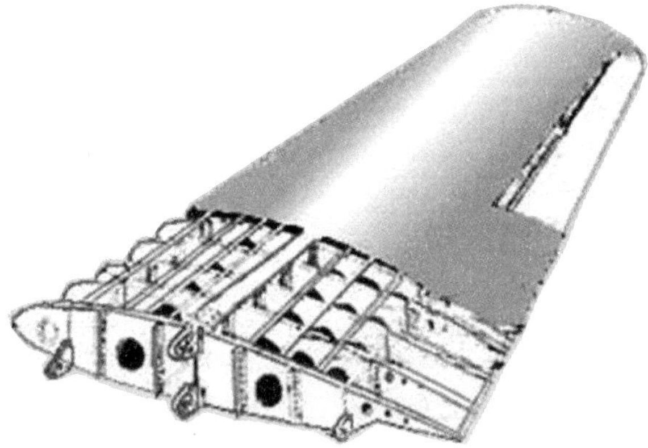

图9-4　飞机翼肋

铸造铝合金是指以铝为基体的铸造合金。铸造铝合金与变形铝合金相比，一般含有较高的合金元素，具有良好的铸造性能，但塑性与韧性较低，不能进行压力加工。按其所添加合金元素的不同，铸造铝合金主要有 Al－Si 系、Al－Cu 系、Al－Mg 系、Al－Zn 系合金等。铸造铝合金代号用“ZL＋三位数字”表示：其中“ZL”为“铸铝”两字汉语拼音字母的字首；第一位阿拉伯数字表示合金的类别，“1”表示 Al－Si 系，“2”表示 Al－Cu 系，“3”表示 Al－Mg 系，“4”表示 Al－Zn 系；第二、第三位阿拉伯数字表示铸造铝合金的顺序号。例如，ZL201 表示1号铸造铝铜合金。

铸造铝合金牌号由铝和主要合金元素的化学符号，以及表示主要合金元素百分含量的数字组成，并在其牌号前面冠以“铸”字的汉语拼音字母字首“Z”。例如，ZAlSi12，表示 $w(\mathrm{Si})=12\%$，$w(\mathrm{Al})=88\%$ 的铸造铝合金。部分铸造铝合金的牌号、代号、力学性能和特点见表9-3。

表9-3　部分铸造铝合金的牌号、代号、力学性能和特点

类别		合金牌号	合金代号	力学性能					特　点
				铸造方法	热处理	R_m /MPa	A (%)	布氏硬度 HBW	
铝硅合金	简单铝硅合金	ZAlSi2	ZL102	J	F	155	2	50	铸造性能好，耐磨性好，力学性能较差
铝硅合金	特殊铝硅合金	ZAlSi7Mg ZAlSi7Cu4	ZL101 ZL107	J J	T5 T6	205 275	2 2.5	60 100	良好的铸造性能、力学性能和耐热性
铝铜合金		ZAlCu5Mn	ZL201	S	T4	295	8	70	耐热性好，热强性高，铸造性能及耐蚀性较差
铝镁合金		ZAlMg10	ZL301	S	T4	280	10	60	力学性能和耐蚀性较好，密度小
铝锌合金		ZAlZn11Si7	ZL401	J	T1	244	1.5	90	铸造性能好，力学性能较高，价格低

注：1. 铸造方法符号为：J—金属型铸造；S—砂型铸造。

2. 热处理：F—铸态；T1—人工时效；T4—固溶处理加自然时效；T5—固溶处理加不完全人工时效；T6—固溶处理加完全人工时效。

1. Al－Si 系

由 Al、Si 两种元素组成的铸造铝合金称为简单铸造铝硅合金；除铝硅元素外再加入其他元素形成的铸造铝合金称为特殊铸造铝硅合金。简单铸造铝硅合金为热处理不可强化的铸造铝合金，故强度不高。特殊铸造铝硅合金因加入铜、镁、锰等元素可使合金得到强化，并可通过热处理进一步提高其力学性能。铸造铝硅合金有良好的铸造性能，可用来制作内燃机活塞、气缸体（图9-5）、气缸盖、气缸套、风扇叶片、形状复杂的薄壁零件以及电动机、仪表的外壳、液压泵壳体、发动机箱体等。

2. Al－Cu 系

Al－Cu 系铸造铝铜合金具有较高强度，加入镍、锰元素可提高其耐热性，可用于制作高强度或高温条件下工作的零件，如内燃机气缸、活塞、支臂等。

图9-5　铸造铝合金气缸体

3. Al－Mg 系

Al－Mg 系铸造铝镁合金具有良好的耐蚀性，可用于制作在腐蚀介质条件下工作的铸件，如氨用泵体、泵盖及舰船配件等。

4. Al－Zn 系

Al－Zn 系铸造铝锌合金具有较高强度，价格便宜，用于制造医疗器械、仪表零件、飞机零件和日用品等。

铸造铝合金可采用变质处理细化晶粒，即在液态合金液中加入氟化钠和氯化钠的混合盐（$2NaF/3 + NaCl/3$），加入量为合金质量的1% ～3%。这些盐与液态铝合金相互作用，因变质作用细化晶粒，从而提高铸造铝合金的力学性能，使铸造铝合金的抗拉强度提高30% ～40%，伸长率提高1%～2%。

知识点三　铝合金的热处理

一、铝合金的热处理特点

铝合金的热处理强化机理与钢不同。一般钢经淬火后，硬度和强度立即提高，塑性下降。铝合金则不同，能热处理强化的铝合金，经固溶处理后硬度和强度不能立即提高，而塑性与韧性却显著提高，但在室温放置一段时间后，硬度和强度显著提高，塑性与韧性则明显下降，如图9-6所示。铝合金的性能随时间而发生显著变化的现象，称为时效或时效硬化。这是因为铝合金经固溶处理后，获得的过饱和固溶体是不稳定组织，有析出第二相金属化合物的趋势。铝合金的时效分为自然时效和人工时效两种。铝合金经固溶处理后，在室温下进行的时效称为自然时效；在加热条件（一般为100～200℃）下进行的时效称为人工时效。

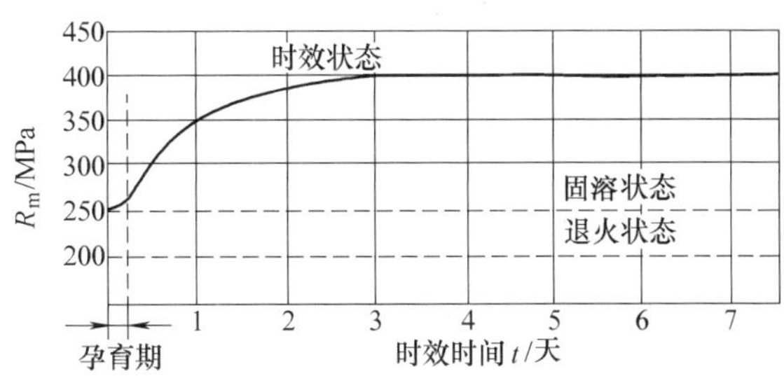

图9-6　铝合金（$w(Cu) = 4\%$）自然时效曲线

二、铝合金的热处理方法

铝合金常用的热处理方法有软化处理、固溶处理和时效等。其中软化处理可消除铝合金的加工硬化，恢复其塑性变形能力，消除铸件的内应力和成分偏析。固溶处理的目的是获得均匀的过饱和固溶体。时效处理的目的是使固溶处理后的铝合金达到最高强度，固溶处理加时效是强化铝合金的主要途径之一。

模块二　铜及铜合金

铜元素在地球中的储量较少，但铜及其合金却是人类历史上使用最早的金属材料。目前工业上使用的铜及其合金主要有加工铜（纯铜）、黄铜、青铜和白铜。

知识点一　加　工　铜

加工铜呈玫瑰红色，表面形成氧化铜膜后，为紫红色。由于加工铜是用电解方法提炼出来的，故又称电解铜。

一、加工铜的性能

加工铜的熔点为1083℃，密度为8.96g/cm^3，具有面心立方晶格，没有同素异构转变现象。加工铜具有很高的导电性和导热性，并具有抗磁性。加工铜在潮湿的空气中，其表面容易生成碱性碳酸盐类的绿色薄膜〔$CuCO_3 \cdot Cu(OH)_2$〕，俗称铜绿。加工铜的抗拉强度（R_m = 230 ~ 250MPa）不高，硬度（30 ~ 40HBW）较低，但塑性（$A_{11.3}$ = 45% ~ 50%）很好，容易进行压力加工。加工铜经冷塑性变形后，可提高其强度（R_m = 200 ~ 400MPa），但塑性会下降至$A_{11.3}$ = 1% ~ 2%。

加工铜的化学稳定性较高，在非工业污染的大气、淡水等介质中均有良好的耐蚀性，在非氧化性酸溶液中也能耐腐蚀，而在氧化性酸（HNO_3、浓H_2SO_4等）溶液以及各种盐类溶液（包括海水）中则容易受到腐蚀。

二、加工铜的牌号及用途

加工铜的牌号用“T+数字”表示，“T”为“铜”的汉语拼音字母的字首，阿拉伯数字表示顺序号，如T3表示3号加工铜。顺序号数字越大，其纯度越低。加工铜有T1、T2、T3三个牌号。加工铜中常含有铅、铋、氧、硫和磷等杂质元素，它们对铜的力学性能和工艺性能有很大的影响，尤其是铅和铋的危害最大，容易引起“热脆”和“冷脆”现象。由于加工铜的强度低，不宜作为结构材料使用，因而广泛地用于制造电线、电缆、电子器件、导热器件以及作为冶炼铜合金的原料等。加工铜的牌号、化学成分和用途见表9-4。

表9-4　加工铜的牌号、化学成分和用途

组别	牌号读法	牌号	化学成分（%）				用　途
			w(Cu)（不小于）	w(Bi)	w(Pb)	杂质总量	
加工铜	一号铜	T1	99.95	0.001	0.003	0.05	用作导电、导热、耐蚀器具的材料，如电线、蒸发器、电器开关、雷管和贮藏器等
	二号铜	T2	99.90	0.001	0.005	0.10	
	三号铜	T3	99.70	0.002	0.010	0.30	

知识点二 铜合金的分类

铜合金是以铜为基体，加入合金元素形成的合金。铜合金与加工铜比较，不仅强度高，而且还具有优良的物理性能和化学性能。因此，工业上广泛使用的是铜合金。铜合金按照合金的化学成分不同，可分为黄铜、白铜和青铜三类。根据生产方法的不同，铜合金又可分为加工铜合金与铸造铜合金两类。

1. 黄铜

黄铜是指以铜为基体，以锌为主加元素的铜合金。普通黄铜是铜锌二元合金；在普通黄铜中再加入其他元素所形成的铜合金称为特殊黄铜，如铅黄铜、锰黄铜和铝黄铜等。

2. 白铜

白铜是指以铜为基体，以镍为主加元素的铜合金。普通白铜是铜镍二元合金；在普通白铜中再加入其他元素所形成的铜合金称为特殊白铜，如锌白铜、锰白铜和铁白铜等。

3. 青铜

青铜是指除黄铜和白铜以外的铜合金，如以锡为主要合金元素的铜合金称为锡青铜，以铝为主要合金元素的铜合金称为铝青铜。此外，还有铍青铜、硅青铜和锰青铜等。与黄铜、白铜一样，各种青铜中还可加入其他合金元素，以改善其性能。

知识点三 加工黄铜

一、普通黄铜

普通黄铜的代号用“H＋数字”表示，“H”为“黄”字汉语拼音字母的字首，“数字”表示平均铜的质量分数，如H70表示铜的质量分数为70%、锌的质量分数为30%的普通黄铜。

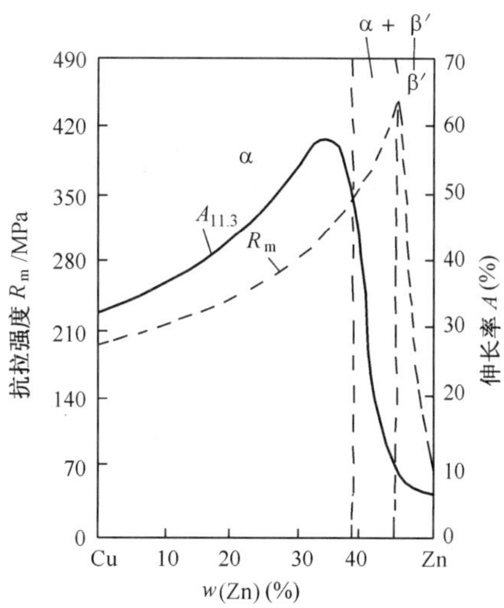

图9-7 普通黄铜力学性能与化学成分之间的关系

普通黄铜色泽美观，具有良好的耐蚀性，加工性能较好。普通黄铜力学性能与化学成分之间的关系如图9-7所示。当锌的质量分数＜39%时，锌能全部溶于铜中，并形成单相α固溶体组织（称α黄铜或单相黄铜），如图9-8所示。随着锌的质量分数增加，固溶强化效果明显增强，使黄铜的强度、硬度提高，同时还保持较好的塑性，故单相黄铜适合于冷变形加工。当锌的质量分数为39%～45%时，黄铜的显微组织为α＋β′两相组织（称双相黄铜），如图9-9所示。由于β′相的出现，在强度继续升高的同时，塑性有所下降，故双相黄铜适合于热变形加工。当锌的质量分数＞45%时，因显微组织全部为脆性的β′相，致使黄铜的强度和塑性都急剧下降，因此应用很少。

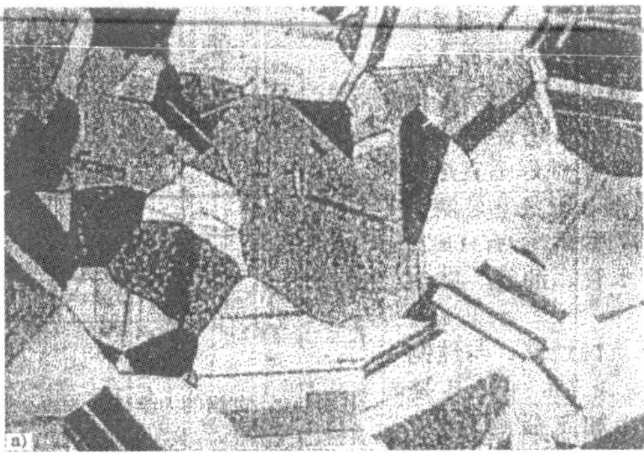

图 9-8 单相黄铜的显微组织

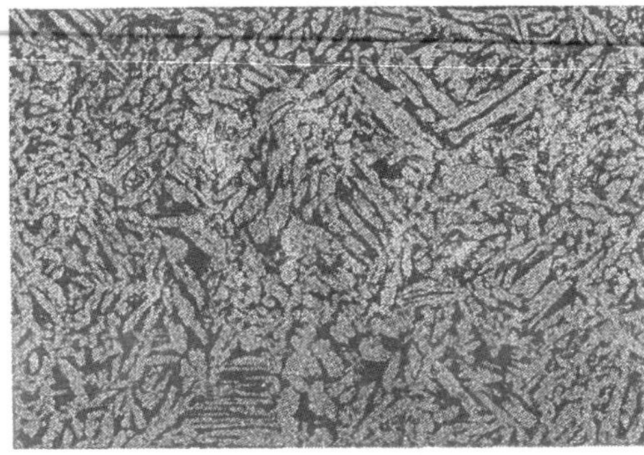

图 9-9 双相黄铜的显微组织

常用的普通黄铜如下：

（1）H90 和 H80 H90 和 H80 属单相黄铜，具有优良的耐蚀性、导热性和冷、热压力加工性能，并呈金黄色，故有金色黄铜之美称，可用来做装饰材料、镀层、艺术品、奖章和散热器等。

（2）H70 H70 属单相黄铜，其强度高、塑性好、冷成形性能好，可用深冲压方法制造弹壳（图 9-10）、散热器外壳、垫片和雷管等，故有弹壳黄铜之称。

（3）H62 H62 属双相黄铜，有较高的强度，热加工性能与可加工性较好，有快削黄铜之称。另外，H62 还具有焊接性好、耐腐蚀、价格便宜等优点，工业上应用较多，常用于制造散热器、油管、垫片、螺钉、螺母和弹簧等。

图 9-10 弹壳

二、特殊黄铜

为了进一步提高普通黄铜的力学性能、工艺性能和化学性能，常在普通黄铜的基础上加入铅、铝、硅、锰、锡、镍等元素，分别形成铅黄铜、铝黄铜和硅黄铜等。特殊黄铜的牌号用“H + 主加合金元素符号 + 铜的平均质量分数 - 主加合金元素平均质量分数”表示，如 HPb59 - 1 表示铜的质量分数为 59%、铅的质量分数为 1% 的铅黄铜。常用特殊黄铜的牌号、力学性能和用途见表 9-5。

表 9-5 常用特殊黄铜的牌号、力学性能和用途

合金类型	合金牌号	力学性能			用途举例
		R_m /MPa	$A_{11.3}$ (%)	布氏硬度 HBW	
铅黄铜	HPb59 - 1	400/650	45/16	44/80	制作轴、轴套、螺栓、螺钉、螺母、分流器、导电排
铝黄铜	HAl77 - 2	400/650	55/12	60/170	制作耐蚀零件和室温下工作的零件
硅黄铜	HSi80 - 3	300/600	58/4	90/110	制作船舶零件、水管零件、耐磨零件

注：力学性能中分子为 600℃ 退火状态数值，分母为变形度 50% 的硬化状态数值。

加入铅可以改善黄铜的可加工性；加入硅能提高黄铜的强度和硬度，改善其铸造性能；加入锡能增加黄铜的强度和在海水中的耐蚀性，因此锡黄铜有海军黄铜之称。

知识点四　加工白铜

一、普通白铜

由于铜和镍的晶格类型相同，因此在固态时能无限互溶，形成单相 α 固溶体组织。普通白铜具有优良的塑性、耐蚀性、耐热性和特殊的电性能，因此是制造精密机械零件、仪表零件、冷凝器、蒸馏器、热交换器和电器元件不可缺少的材料。

普通白铜的牌号用“B＋数字”表示。“B”是“白”字汉语拼音字母的字首，“数字”表示镍的质量分数，如 B19 表示镍的质量分数为 19%，铜的质量分数为 81% 的普通白铜。

二、特殊白铜

特殊白铜是在普通白铜中加入锌、铝、铁、锰等元素而组成的铜合金。加入合金元素是为了改善白铜的力学性能、工艺性能和电热性能以及获得某些特殊性能，如锰白铜（又称康铜）具有较高的电阻率、热电势、较低的电阻温度系数、良好的耐热性和耐蚀性，常用来制造热电偶、变阻器（图 9-11）及加热器等。

图 9-11　变阻器

特殊白铜的牌号用“B＋主加元素符号＋数字－数字”表示，“数字”依次表示镍和主加元素平均质量分数，如 BMn3－12 表示镍的质量分数为 3%、锰的质量分数为 12% 的锰白铜。

常用加工白铜的牌号、化学成分、主要特性和用途见表 9-6。

表 9-6　常用加工白铜的牌号、化学成分、主要特性和用途

组别	合金牌号	化学成分（%）				主要特性	用途举例
		w(Ni)	w(Mn)	其他	w(Cu)		
普通白铜	B19	18.0～20.0	—	—	余量	具有较高的耐蚀性，良好的力学性能，高温和低温下具有较高强度及塑性	制作在蒸汽、海水中工作的耐蚀零件
铝白铜	BAl6－1.5	5.5～6.5	—	1.2～1.8Al	余量	可热处理强化，有较高的强度和良好的弹性	制作重要用途的弹簧
铁白铜	BFe30－1.1	29.0～32.0	0.5～1.2	0.5～1.0Fe	余量	良好的力学性能，在海水、淡水、蒸汽中具有较好的耐蚀性	制作高温、高压和高速条件下工作的零件
锰白铜	BMn3－12	2.0～3.5	11.5～13.5	—	余量	具有较高的电阻率、低的电阻温度系数，电阻长期稳定性较好	制作工作温度在 100℃ 以下的电阻仪器、精密电工测量仪器

知识点五　加工青铜

青铜是人类历史上应用最早的铜合金，因铜与锡的合金呈青黑色而得名。加工青铜的牌号用“Q＋第一个主加元素的化学符号＋数字－数字”表示，“Q”是“青”字汉语拼音字母的字首，“数字”依次表示第一个主加元素和其他加入元素的质量分数，如 QSn4－3，表示锡的质量分数为4%、锌的质量分数为3%，其余为铜的锡青铜。

1. 锡青铜

锡青铜是以锡为主要合金元素的铜合金。锡青铜具有良好的减摩性、抗磁性、低温韧性、耐大气腐蚀性（比加工铜和黄铜高）和铸造性能。锡的质量分数对锡青铜力学性能的影响如图9-12所示。锡青铜中锡的质量分数小于6%时，锡溶于铜中形成α固溶体，锡青铜的强度随着锡的质量分数的增加而升高。当锡的质量分数超过6%时，锡青铜中出现脆性δ相，塑性急剧下降，但锡青铜的强度还继续升高；当锡的质量分数大于20%时，由于δ相的大量增加，锡青铜的强度会显著下降。故工业用锡青铜锡的质量分数一般都为3%～14%。

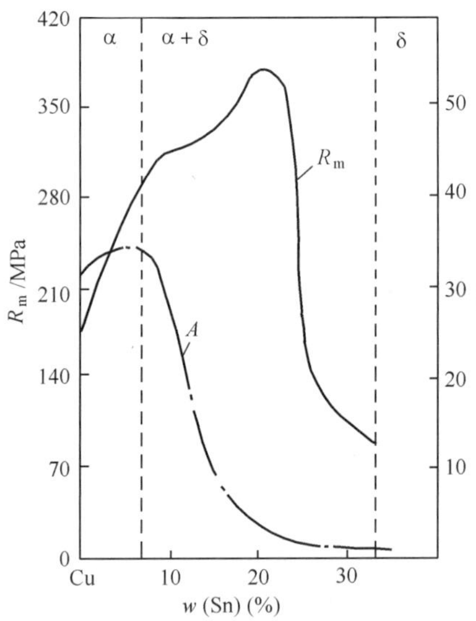

图9-12　锡的质量分数对锡青铜力学性能的影响

锡的质量分数小于8%的青铜具有优良的弹性、较好的塑性和适宜的强度，适用于冷、热压力加工；而锡的质量分数大于10%的青铜由于塑性差，只适用于铸造。

锡青铜主要用于制造弹性高，耐磨、耐腐蚀、抗磁的零件，如弹簧片、电极、齿轮、轴承（套）等。常用的锡青铜有 QSn4－3 和 QSn6.5－0.4 等。

2. 铝青铜

铝青铜是以铝为主要合金元素的铜合金，其特点是价格便宜、色泽美观。与锡青铜和黄铜相比，铝青铜具有更高的强度和硬度，其耐蚀性和耐磨性比黄铜和锡青铜更高。铝青铜常用于制造飞机、船舶中高强度、耐磨及耐蚀的零件，如齿轮、轴承、蜗轮（图9-13）、轴套和阀座等。常用的铝青铜有 QAl5、QAl7、QAl9－4等。

图9-13　蜗轮与蜗杆

3. 铍青铜

铍青铜是以铍为主要合金元素的铜合金。铍青铜有很好的综合性能，不仅有较高的强度、硬度、弹性、耐磨性、耐蚀性和耐疲劳性，而且还有较高的导电性、导热性、耐寒性、无铁磁性以及撞击不产生火花的特性。铍青铜通过淬火和时效处理，其抗拉强度可达1176～1470MPa，硬度可达350～400HBW，远远超过其他铜合金，甚至可与高强度钢相媲美。铍青铜在工业上主要用来制造重要用途的高级精密弹性元件、耐磨零件和其他重要零件，如钟表齿轮、弹簧、电接触器、电焊机电极、航海罗盘以及在高温、高速下工作的轴承和轴套等。

铍是稀有金属，价格高。铍青铜生产工艺较复杂，成本很高，因而在应用上受到了限制。在铍青铜中加入钛元素，可减少铍的质量分数，降低成本，改善其工艺性能。常用的铍青铜有 QBe1.7、QBe1.9 和 QBe2 等。

4. 硅青铜

硅青铜是以硅为主要合金元素的铜合金。硅青铜具有较高的力学性能、耐蚀性能和良好的冷、热压力加工性能，用于制造耐腐蚀、耐磨零件，还用于长距离架空的电话线和输电线等。常用的硅青铜有 QSi3－1 和 QSi1－3 等。

除了上述几种青铜外，还有铅青铜和钛青铜等。常用加工青铜的牌号、力学性能及用途见表 9-7。

表 9-7　常用加工青铜的牌号、力学性能和用途

合金类型	合金牌号	力学性能			用途举例
		R_m /MPa	$A_{11.3}$ (%)	布氏硬度 HBW	
锡青铜	QSn4－3	350/550	40/4	60/160	制作弹簧材料、耐磨零件（如轴承）、抗磁零件
铝青铜	QAl9－4	550/900	40/5	110/180	制作船舶及飞机上的齿轮、轴承、轴套、蜗轮、阀座等
铍青铜	QBe2	500/850	40/3	90/250(HV)	制作精密弹簧及膜片，钟表零件（游丝、齿轮等），波纹管，轴承的衬套，指南针等
硅青铜	QSi3－1	370/700	55/3	80/180	制作弹簧、耐磨零件、齿轮等

注：力学性能中分子为600℃退火状态数值，分母为变形度50%的硬化状态数值。

知识点六　铸造铜合金

铸造铜合金是指以铜为基体的铜合金。铸造铜合金的牌号由“ZCu＋主加元素符号＋主加元素质量分数＋其他加入元素符号和质量分数”组成。例如，ZCuZn38 表示锌的质量分数为 38% 的铸造铜合金。常用的铸造黄铜合金有 ZCuZn38 和 ZCuZn25 AlFe3Mn3 等，常用的铸造青铜合金有 ZCuSn10Zn2 和 ZCuPb30 等。

图 9-14　四羊方尊（商朝晚期青铜礼器）

铸造锡青铜结晶温度间隔大，流动性较差，不易形成集中性缩孔，容易形成分散性的微缩孔，是非铁金属中铸造收缩率最小的合金，适合于铸造对外形及尺寸要求较高的铸件以及形状复杂、壁厚较大的零件。锡青铜是自古至今制作艺术品（图9-14）的常用铸造合金，但因锡青铜的致密度较低，不宜用作要求高密度和高密封性的铸件。锡青铜多用于制造耐磨零件（如轴瓦、轴套、蜗轮）及与酸、碱、蒸汽等接触的零件。

【史海拾遗】

青铜是人类最早使用的金属材料，我国使用青铜（铜锡合金）的历史可以追溯到夏代以前。虽然我国在青铜冶炼技术方面晚于古埃及和西亚，但发展较快。到了商代和周代，青铜冶炼技术已经发展到较高水平，青铜已经用于制造各种工具、器皿和兵器。春秋战国时期，我国劳动人民通过实践，总结出了青铜化学成分与青铜性能和青铜用途之间的关系。例如，《周礼·考工记》中总结出“六齐”规律（齐是指合金的配制比例，金是指赤铜）：“六分其金而锡居一，谓之钟鼎之齐；五分其金而锡居一，谓之斧斤之齐；四分其金而锡居一，谓之戈戟之齐；三分其金而锡居一，谓之大刃之齐；五分其金而锡居二，谓之削杀矢之齐；金、锡半，谓之鉴燧之齐”。到了秦朝，青铜在军队兵器制造方面的技术已经登峰造极，并在全国范围内将青铜兵器的化学成分、性能和用途进行了标准化生产和管理，统一了各种兵器的制造标准和要求，最终使秦国成为春秋霸主。

模块三　钛及钛合金

钛的应用历史不长，在20世纪50年代才开始投入工业生产和应用，但其发展非常迅速。由于钛具有密度小、强度高、比强度（抗拉强度除以密度）高、耐高温和耐腐蚀的优点，以及矿产资源丰富，所以钛已成为航空、航天、化工、造船、机电产品、医疗卫生和国防等部门广泛使用的非铁金属材料。

知识点一　加工钛（纯钛）

一、加工钛的性能

加工钛呈银白色，密度为4.508g/cm^3，熔点为1677℃，线胀系数小。加工钛塑性好、强度低、容易加工成形，结晶后有同素异构转变

$$\alpha-\text{Ti}\ (\text{密排六方}) \xrightleftharpoons{882℃} \beta-\text{Ti}\ (\text{体心立方})$$

钛与氧和氮的亲和力较大，非常容易与氧和氮结合形成一层致密的氧化物和氮化物薄膜，其稳定性高于铝及不锈钢的氧化膜，故在许多介质中钛的耐蚀性比不锈钢更优良，尤其是抗海水腐蚀的能力非常突出。

二、加工钛的牌号和用途

加工钛的牌号用“TA＋顺序号”表示，如TA2表示2号工业纯钛。工业纯钛的牌号有TA1、TA2、TA3和TA4四种，顺序号越大，杂质含量越多。加工钛在航空中用于制造飞机骨架、蒙皮、发动机部件；在化工方面用于制造热交换器、泵体、搅拌器等；还可制造海水净化装置及舰船零部件。

知识点二 钛合金

为了提高加工钛在室温时的强度和在高温下的耐热性等，常加入铝、锆、钼、钒、锰、铬、铁等合金元素，得到不同类型的钛合金。钛合金按其使用组织状态的不同，可分为 α 型钛合金、β 型钛合金和 α + β 型钛合金。

钛合金的牌号用“T + 合金类别代号 + 顺序号”表示，“T”是“钛”字汉语拼音字母的字首，合金类别代号分别用 A、B、C 表示 α 型、β 型、α + β 型钛合金。例如，TA7 表示 7 号 α 型钛合金；TB2 表示 2 号 β 型钛合金；TC4 表示 4 号 α + β 型钛合金。钛合金中 α + β 型钛合金可以适应各种不同的用途，是目前应用最广泛的一种钛合金。

α 型钛合金（如 TA7）一般用于制造使用温度不超过 500℃ 的零件，如航空发动机压气机叶片和管道，导弹的燃料缸，超音速飞机的涡轮机匣及火箭、飞船的高压低温容器等；β 型钛合金（如 TB2）一般用于制造使用温度在 350℃ 以下的结构零件和紧固件，如压气机叶片、轴、轮盘及航空航天结构件等；α + β 型钛合金（如 TC4）一般用于制造使用温度在 400℃ 以下和低温下工作的结构零件，如火箭发动机外壳、火箭和导弹的液氢燃料箱部件等。

钛及钛合金是一种很有发展前途的新型金属材料。我国钛金属的矿产资源丰富，其储藏量居世界各国前列，目前已形成了较完整的钛金属生产工业体系。常用钛合金的牌号、力学性能和用途见表 9-8。

表 9-8 常用钛合金的牌号、力学性能和用途

组别	合金牌号	化学成分（%）				供应状态	室温性能		用途举例
		w(Al)	w(V)	其他	w(Ti)		R_m /MPa	A (%)	
α 型钛合金	TA5	4		B0.005	余量	退火	≥685	≥15	制作在 500℃ 以下工作的零件，如飞机蒙皮、骨架零件、压气机壳体、叶片等
	TA6	5			余量	退火	≥685	≥10	制作在 350℃ 以下工作的零件，如压气机壳体、叶片、轴、轮盘等重载旋转件，以及飞机的构件等
β 型钛合金	TB2	3	5	Mo5 Cr8	余量	淬火	≤980	≥20	制作在 400℃ 以下工作的零件，如锻件、各种容器、泵、低温部件、舰艇耐压壳体、坦克履带等
						淬火 + 时效	≥1320	≥8	
α + β 型钛合金	TC4	6	4		余量	退火	≥895	≥10	制作在 450℃ 以下工作的零件，如飞机结构零件、起落架、导弹发动机外壳、武器结构件等
	TC10	6	6	Sn2 Cu0.5 Fe0.5	余量	退火	≥1059	8 ~ 10	

小知识　金属骄子——钛

在金属发展史上，人们称钢铁为第一金属，铝为第二金属，钛为第三金属。钛具有许多的优良性能，是金属中的佼佼者，钛合金具有特殊的记忆功能和储氢功能。所谓记忆功能是指钛镍合金在一定温度下具有自动恢复原形的本领。人们利用钛镍合金的记忆功能，可以制成能自动展开的人造卫星钛线、航空用记忆铆钉、飞行器用管接头、牙齿和脊椎矫正器等。

模块四　镁及镁合金

知识点一　纯镁的性能、牌号及用途

纯镁具有金属光泽，呈亮白色，具有密排六方晶格。纯镁的熔点是650℃，密度是1.738g/cm^3，其密度为钢的1/4、铝的2/3，是最轻的非铁金属材料，具有较高的比强度，可加工性比钢铁材料好，能够进行高速切削，抗冲击能力强，尺寸稳定性高。

镁的化学活性很强，电极电位很低，所以耐蚀性很差。另外，镁在空气中容易氧化，尤其在高温时，氧化反应放出的热量不能及时散失，很容易在空气中燃烧，而且镁在空气中形成的氧化膜疏松多孔，故保护性很差。在潮湿的大气、淡水、海水及大多数酸、盐溶液中，镁很容易受到腐蚀。纯镁的力学性能很差，特别是塑性比铝低得多，大约为 $A_{11.3}=10\%$，这是由于镁的晶格类型为密排六方晶格，其滑移系数量比铝的滑移系数量少的缘故。

晶体中一个滑移面及该面上一个滑移方向的组合称为一个滑移系。对于面心立方晶格的金属来说，其滑移系有12个；对于密排六方晶格的金属来说，其滑移系有3个或6个。由于金属塑性变形的能力与其晶格中的滑移系数量有关，滑移系数量越大，金属的塑性越好。因此，密排六方晶格的镁比面心立方晶格的铝的滑移系数量较小，所以镁的塑性不如铝的塑性好。

纯镁的牌号有3个，其化学成分见表9-9。纯镁主要用于制作合金以及作为保护其他金属的牺牲阴极。

表9-9　纯镁的牌号与化学成分

牌号	w（Mg）（%）	杂质含量（质量分数）（%）				
		Si	Ni	Cr	Al	Cl
1号纯镁	≤99.95	≤0.01	—	≤0.005	≤0.01	≤0.003
2号纯镁	≤99.92	≤0.01	≤0.01	≤0.01	≤0.02	≤0.005
3号纯镁	≤99.85	≤0.03	≤0.02	≤0.02	≤0.05	≤0.005

知识点二　镁合金的性能、牌号及用途

1. 镁合金的性能

镁合金是以镁为基体加入其他元素组成的合金。镁合金中主要加入的合金元素有铝

（Al）、锌（Zn）、锰（Mn）、铈（Ce）、钍（Th）以及少量的锆（Zr）或镉（Cd）等。

总体来说，镁合金密度小（约 $1.8g/cm^3$），镁合金的密度比塑料的密度略大，比铝合金的密度略小，虽然镁合金的密度略比塑料的密度大，但在同样强度的情况下，镁合金的零部件可以做得比塑料薄而且轻；镁合金的比强度高，比弹性模量大，由于镁合金的比强度也比铝合金高，因此在不降低零部件强度的条件下，使用镁合金可减轻质量；镁合金的散热性好，减振性好，承受冲击载荷的能力比铝合金高，是制造飞机轮毂的理想材料，镁合金受到冲击载荷时，吸收的能量比铝合金件多一半，所以镁合金具有良好的减振和降噪性能；镁合金具有良好的耐蚀性，但镁合金在潮湿空气中容易氧化和腐蚀，因此镁合金零件使用前，其表面需要经过化学处理或涂漆；镁合金具有良好的电磁屏蔽性能和防辐射性能，其电磁波屏蔽性能比在塑料上电镀屏蔽膜效果好，因此使用镁合金可省去电磁波屏蔽膜的电镀工序；镁合金的熔点比铝合金熔点略低，其压铸成形性能好，镁合金铸件的抗拉强度与铝合金铸件相当，一般可达250MPa，最高可达600MPa以上；镁合金的屈服强度、伸长率也与铝合金相差不大。

2. 镁合金的牌号

镁合金包括变形镁合金和铸造镁合金两大类。目前，在工业中应用较广泛的镁合金主要有4个系列：AZ系列（Mg－Al－Zn）、AM系列（Mg－Al－Mn）、AS系列（Mg－Al－Si）和AE系列（Mg－Al－RE）。

根据GB/T 5153—2003《变形镁及镁合金牌号和化学成分》的规定，镁合金牌号采用“英文字母（两个）＋数字（两个）＋英文字母”的形式表示。其中前面两个字母的含义是：第一个字母表示含量最大的合金元素，第二个字母表示含量为第二的合金元素。两位数字表示两种主要合金元素的含量：第一个数字表示第一个字母所代表的合金元素的百分质量分数，第二个数字表示第二个字母所代表的合金元素的百分质量分数。最后面的英文字母表示标识代号，用以标识各具体组成元素相异或元素含量有微小差别的不同合金，一般用后缀字母A、B、C、D、E进行标识。

例如，AZ91E表示主要合金元素是Al和Zn，其名义百分质量分别是9%和1%，“E”表示AZ91E是含9%Al和1%Zn合金系列的第五位。

3. 镁合金的用途

在实用金属中，镁合金是最轻的金属。目前，镁合金中使用最广、最多的是镁铝合金，其次是镁锰合金和镁锌锆合金。镁合金主要用于航空、航天、国防、运输、化工等工业。

在航空、航天器制造方面，镁合金是航空、航天工业不可缺少的材料，可用于制作飞机轮毂、摇臂、襟翼、舱门和舵面等活动零件，发动机齿轮机匣、油泵和油管，B－52轰炸机的机身部分，地空导弹的仪表舱、尾舱和发动机支架等。

在国防建设方面，镁合金是减轻武器装备质量，实现武器装备轻量化，提高武器装备各项战术性能的理想结构材料。例如，直升机、歼击机、B－52轰炸机、火箭、导弹等都要大量使用镁合金制作机身及内部零件；坦克、装甲车、军用吉普车、枪械武器等也使用镁合金制作相关零件；用镁合金制造子弹壳、炮弹壳，可使单兵子弹负载增加一倍，也可使单兵综合作战系统降到6.37kg。

在交通工具制造方面，镁合金可用于制造离合器壳体、阀盖、仪表板、变速器体、曲轴箱、发动机前盖、气缸盖、空调器外壳、方向盘、转向支架、制动支架、座椅框架、车镜支架、分配支架等零件。

在手机电话、笔记本式计算机、数字照相机机身制造方面，镁合金可用于制造液晶屏幕的支承框架和背面的壳体。镁合金外壳可以提供优越的抗电磁保护作用，而且镁合金外壳的外观及触摸质感极佳，使手机、笔记本式计算机（图9-15）、数字照相机产品更具豪华感，也保证了外壳在空气中不易被腐蚀。

图9-15　笔记本式计算机壳体

在电源制造方面，镁电源类产品都是高能无污染电源，如镁锰干电池、镁空气电池、镁海水电池、鱼雷电源以及动力电池、高电位镁合金牺牲阳极板（用于金属保护）。

在电器、生活用品制造方面，镁合金可用于制造散热器、复合材料、LED灯饰、环保建筑装饰板材、体育器材、医疗器械、工具、高级眼镜架、手表壳、高级旅行用品、低载荷构件，以及要求高质量、高强度、高韧性的配件等。

相对于开发应用比较成熟、历史悠远的钢铁材料、铝及其合金、铜及其合金等，镁合金的开发和应用还只是刚刚兴起。随着科技的发展，镁合金在未来的应用领域将会不断扩展。

【拓展知识】

根据有关研究，汽车所用燃料的60%消耗于汽车的自重，汽车的自重每减轻10%，其燃油效率可提高5%以上；汽车的自重每降低100kg，每百公里油耗就可减少0.7L左右，而每节约1L燃料就可减少CO_2排放2.5g，年排放量可减少30%以上。所以，减轻汽车的质量对环境保护和节省能源非常重要，可以说汽车的轻量化已经成为汽车发展的必然趋势。

模块五　滑动轴承合金

滑动轴承（图9-16）一般由轴承体和轴瓦组成，轴瓦直接支承转动轴。与滚动轴承相比，由于滑动轴承具有制造、修理和更换方便，与轴颈接触面积大，承受载荷均匀，工作平稳，无噪声等优点，因此广泛应用于机床、汽车发动机、各类连杆、大型电动机等动力设备上。为了确保轴的磨损量最小，需要在轴承内侧浇注或轧制一层耐磨和减摩的滑动轴承合金，形成均匀的内衬。滑动轴承合金是用于制造滑动轴承中内衬或轴瓦的铸造合金。

图9-16　滑动轴承

知识点一　对滑动轴承合金性能的要求

当轴在滑动轴承轴瓦中转动时，轴存在不可避免的磨损，但轴是机器上重要的部件，更换比较困难，所以应尽量使轴的磨损最小，延长其使用寿命。针对上述要求，轴瓦材料应满足以下性能要求。

1）具有足够的强度、塑性、韧性和一定的耐磨性，以抵抗冲击和振动。

2）具有较低的硬度，以免轴的磨损量加大。

3）具有较小的摩擦因数和良好的磨合性（指轴和轴瓦在运转时互相配合的性能），并能在磨合面上储存润滑油，以保持轴和轴瓦之间处于正常的润滑状态。

4）具有良好的导热性与耐蚀性，既能保证轴瓦在高温下不软化或熔化，又能耐润滑油腐蚀。

5）抗咬合性好，即在摩擦条件不好时，轴瓦材料不会与轴粘合或焊合。

6）具有良好的工艺性，易于铸造成形，易于和瓦底焊合，成本低廉。

知识点二　滑动轴承合金的理想组织

滑动轴承合金的理想组织状态是：在软的基体上分布着硬质点，或是在硬的基体上分布着软质点。这样在轴承工作时，软质点很快被磨损，下凹的区域可以储存润滑油，使磨合表面形成连续的油膜，硬质点则凸出以支承轴颈，并使轴与轴瓦的实际接触面积减少，从而减小轴颈的摩擦。

软基体组织具有较好的磨合性与抗冲击、抗振的能力，但是这类组织的承载能力较低。属于此类组织的滑动轴承合金有锡基滑动轴承合金和铅基滑动轴承合金，其理想组织状态如图9-17所示。在硬基体（其硬度低于轴颈硬度）上分布着软质点的组织，能承受较高的负荷，但磨合性较差，属于此类组织的滑动轴承合金有铜基滑动轴承合金和铝基滑动轴承合金等。

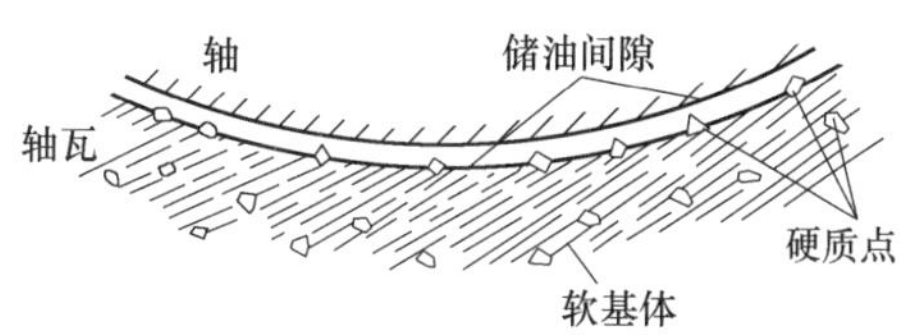

图9-17　滑动轴承合金理想组织示意图

知识点三　常用滑动轴承合金

常用滑动轴承合金有锡基、铅基、铜基、铝基滑动轴承合金等。滑动轴承合金的牌号由字母“Z＋基体金属元素符号＋主添加合金元素的化学符号和数字＋辅添加合金元素的化学符号和数字”组成。其中“Z”是“铸”字汉语拼音字母的字首。例如，ZSnSb11Cu6表示平均锑的质量分数为11%、铜的质量分数为6%、锡的质量分数为83%的锡基滑动轴承合金。

一、锡基滑动轴承合金(锡基巴氏合金)

锡基滑动轴承合金是以锡为基体，加入锑（Sb）、铜等元素组成的合金，锑能溶入锡中形成α固溶体，又能生成化合物（SnSb），铜与锡也能生成化合物（Cu_6Sn_5）。图9-18所示为锡基滑动轴承合金ZSnSb11Cu6的显微组织，图中暗色基体为α固溶体，作为软基体；白色方块为SnSb化合物，白色针状或星状的组织为Cu_6Sn_5化合物，它们作为硬质点。

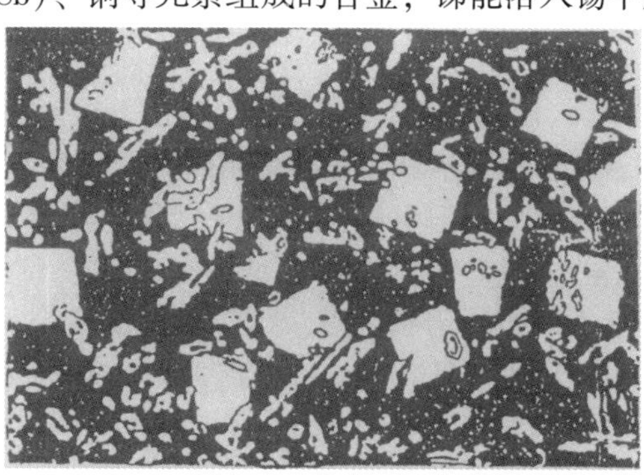
图9-18　ZSnSb11Cu6的显微组织

锡基滑动轴承合金具有适中的硬度、低的摩擦因数、较好的塑性和韧性、优良的导热性和耐蚀性，常用于制造重要的轴承，如制造汽轮机、发动机、压缩机等高速轴承。但由于锡是稀缺金属，成本较高，而且锡基滑动轴承合金的工作温度低于150℃，因此其应用受到了一定限制。

二、铅基滑动轴承合金（铅基巴氏合金）

铅基滑动轴承合金通常是以铅为基体，加入锑、锡、铜等元素组成的轴承合金。它的组织中软基体为共晶组织（$\alpha+\beta$），硬质点是白色方块状的SnSb化合物及白色针状的Cu_3Sn化合物。铅基轴承合金的强度、硬度、韧性均低于锡基轴承合金，摩擦因数较大，故适用于中等负荷的低速轴承，如汽车、拖拉机、轮船的曲轴轴承，电动机、空气压缩机、减速器的轴承等。铅基滑动轴承合金价格便宜，因此应尽量用它来代替锡基滑动轴承合金。

常用锡基、铅基滑动轴承合金的牌号、化学成分和用途见表9-10。

表9-10　常用锡基、铅基滑动轴承合金的牌号、化学成分和用途

组别	合金牌号	化学成分（%）				布氏硬度HBW	用途举例
		w(Sb)	w(Cu)	w(Pb)	w(Cu)		
锡基滑动轴承合金	ZSnSb8Cu4	7~8	3~4	0.35	其余	≥24	用于制作一般大机器的轴承衬
	ZSnSb11Cu6	10~12	5.5~6.5	0.35	其余	≥27	用于制作400kW以上的涡轮压缩机、涡轮泵及高速内燃机等的滑动轴承
铅基滑动轴承合金	ZPbSb16Sn16Cu2	15~17	1.5~2.0	其余	15~17	≥30	用于制作工作温度在120℃以下、无显著冲击载荷、重载高速滑动轴承，如汽车、拖拉机曲轴滑动轴承，750kW以内的电动机滑动轴承
	ZPbSb15Sn10	14~16	≤0.7	其余	9~11	≥24	用于制作中等载荷、中速、受冲击载荷机械的滑动轴承，如汽车、拖拉机的曲轴滑动轴承、连杆滑动轴承，也适用于高温滑动轴承

三、铜基滑动轴承合金（锡青铜和铅青铜）

以铜合金作为滑动轴承合金的材料称为铜基滑动轴承合金，如锡青铜、铅青铜、铝青铜、铍青铜、铝铁青铜等均可作为滑动轴承材料。

铜基滑动轴承合金是锡基滑动轴承合金的代用品，常用牌号是ZCuPb30铸造铅青铜，其铅的质量分数为30%。铅和铜在固态时互不溶解，因此其室温显微组织是Cu+Pb，Cu为硬基体，颗粒状Pb为软质点，属于硬基体加软质点类型的滑动轴承合金，可以承受较大的压力。铅青铜具有良好的耐磨性、高的导热性（为锡基滑动轴承合金的6倍）、高的疲劳强度，并能在较高温度下（300~320℃）工作，广泛用于制造高速、重载荷下工作的发动机轴承，如航空发动机、大功率汽轮机、柴油机等高速机器的主轴承和连杆轴承。

四、铝基滑动轴承合金

铝基滑动轴承合金是以铝为基体元素，加入锑、锡或镁等合金元素形成的滑动轴承合金。与锡基、铅基滑动轴承合金相比，铝基滑动轴承合金具有原料丰富、价格低廉、导热性好、疲劳强度高和耐蚀性好等优点，能连续轧制生产，广泛用于高速重载汽车、拖拉机及柴油机轴承。它的主要缺点是线胀系数较大，运转时易与轴咬合，尤其在冷起动时危险性更大。同时，铝基滑动轴承合金硬度高，轴易磨损，需相应提高轴的硬度。常用的铝基滑动轴承合金有铝锑镁滑动轴承合金和铝锡滑动轴承合金，如高锡铝基滑动轴承合金 ZAlSn6Cu1Ni1。

除上述滑动轴承合金外，灰铸铁也可以用于制造低速、不重要的轴承，其组织中的钢基体为硬基体，石墨为软质点并起一定的润滑作用。

为了提高滑动轴承合金的强度和使用寿命，通常采用双金属方法制造轴瓦，如利用离心浇注法将滑动轴承合金浇注在钢质轴瓦上，这种操作方法称为“挂衬”。常用滑动轴承合金与轴的配合硬度要求见表 9-11。

表 9-11　常用滑动轴承合金与轴的配合硬度要求

配合硬度	锡基滑动轴承合金	铅基滑动轴承合金	铝基滑动轴承合金	铜基滑动轴承合金			
				锡青铜	磷青铜	铅青铜	铅黄铜
滑动轴承合金的硬度（HBW）	20～30	15～30	45～50	60～80	75～100	20～30	40～80
轴的最低硬度（HBW）	150	150	300	300～400	400	300	300

各种滑动轴承合金的性能比较见表 9-12。

表 9-12　各种滑动轴承合金的性能比较

材料种类	抗咬合性	磨合性	耐蚀性	耐疲劳性	材料硬度 HBW	轴颈处硬度 HBW	最大允许压力 /MPa	最大允许使用温度 /℃
锡基滑动轴承合金	优	优	优	劣	20～30	150	600～1000	150
铅基滑动轴承合金	优	优	中	劣	15～30	150	600～800	150
锡青铜	中	劣	优	优	50～100	300～400	700～2000	200
铅青铜	中	差	差	良	40～80	300	2000～3200	220～250
铝基滑动轴承合金	劣	中	优	良	45～50	300	2000～2800	100～150
铸铁	差	劣	优	优	160～180	200～250	300～600	150

模块六　硬质合金

随着现代工业的飞速发展，机械切削加工对刀具材料、模具材料等提出了更高的要求。

例如，用于高速切削的高速钢刀具，其热硬性已不能满足更高的使用要求；此外，一些生产中使用的冲模，即使是用合金工具钢制造，其耐磨性也显得不足。因此，必须开发和使用更为优良的新型材料——硬质合金。

知识点一 硬质合金生产简介

硬质合金是由作为主要组元的一种或几种难熔金属碳化物和金属粘结剂组成的烧结材料。难熔金属碳化物主要以碳化钨（WC）、碳化钛（TiC）、碳化钽（TaC）、碳化铌（NbC）等粉末为主要成分，金属粘结剂主要以钴（Co）粉末为主，经混合均匀后，放入压模中压制成形，最后经高温（1400～1500℃）烧结后形成硬质合金材料。

知识点二 硬质合金的性能特点

硬质合金的硬度高（最高可达92HRA），高于高速钢（63～70HRC）；热硬性高，在800～1000℃时，硬度可保持60HRC以上，远高于高速钢（500～650℃）；耐磨性好，比高速钢要高15～20倍。由于这些特点，使得硬质合金刀具的切削速度比高速钢高4～10倍，刀具寿命可提高5～80倍。这是因为组成硬质合金的主要成分WC、TiC、TaC和NbC都具有很高的硬度、耐磨性和热稳定性。各种刀具材料的硬度和热硬性温度比较如图9-19所示。

硬质合金的抗压强度高，可达6000MPa，远高于高速钢，但抗弯强度低（只有高速钢的1/3～1/2）；冲击吸收能量K较低，仅为1.6～4.8J，约为淬火钢的30%～50%；线胀系数小，导热性差。此外，硬质合金还具有耐腐蚀、抗氧化和线胀系数比钢低等特点。

使用硬质合金可以大幅度地提高工具和零件的使用寿命，降低消耗，提高生产率和产品质量。但由于硬质合金中含有大量的W、Co、Ti、Ni、Mo、Ta、Nb等贵重金属，价格较贵，应节约使用。

硬质合金主要用于制造切削刀具、冷作模具、量具及耐磨零件。由于硬质合金的导热性很差，在室温下几乎没有塑性，因此在磨削和焊接时，急热和急冷都会形成很大的热应力，甚至产生表面裂纹。硬质合金一般不能用切削方法进行加工，可采用特种加工（如电火花加工、线切割等）或专门的砂轮磨削。通常硬质合金刀片是采用钎焊、粘接或机械装夹方法固定在刀杆或模具体上使用的，如图9-20所示。另外，在采矿、采煤、石油和地质钻探等行业，也广泛使用硬质合金制造凿岩用的钎头和钻头等。

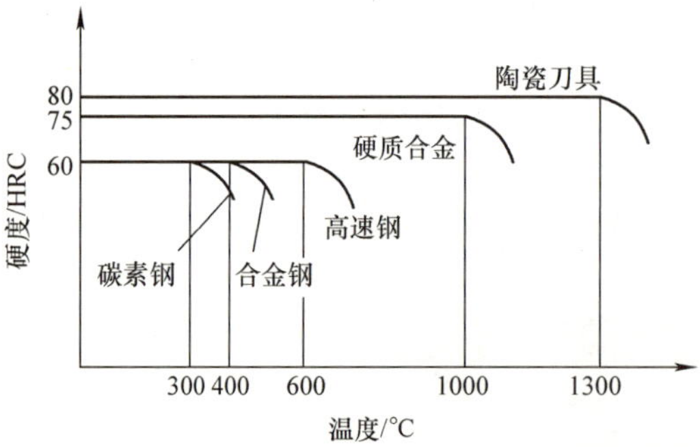

图9-19 各种刀具材料的硬度和热硬性温度比较

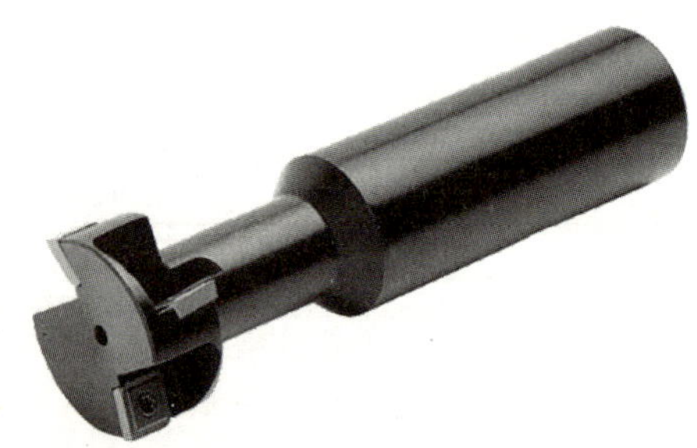

图9-20 硬质合金刀片

【拓展知识】

穿甲弹

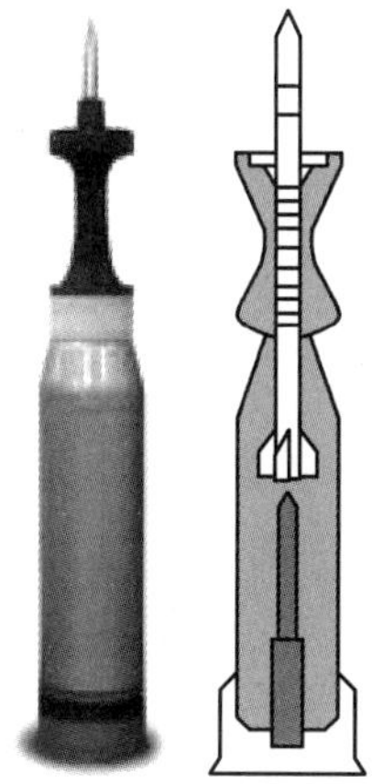

图 9-21　穿甲弹

穿甲弹（图 9-21）是依靠弹丸的动能穿透装甲并摧毁目标的炮弹。其特点是初速度高，直射距离大，射击精度高，是坦克炮和反坦克炮的主要弹种，用于击毁坦克、自行火炮、装甲车辆、舰艇、飞机和坚固防御工事等。穿甲弹的弹丸一般采用比坦克装甲硬得多的硬质合金材料制造。弹丸一触及目标，就会把钢甲表面打个凹坑，并且将凹坑底面的钢甲像冲塞子一样给顶出去。这时候，弹丸头部虽然已经破裂，而弹体在强大惯性力的冲击下，仍会继续前冲。当撞击力达到一定数值时，引信被触发点燃，就引起弹丸炸药爆炸。这时，在 1cm^2 面积上可产生数十吨至数百吨的高压，从而杀伤坦克内的乘员、破坏武器装备等。目前，中国的特种合金穿甲弹可击穿 900mm 的匀质钢甲，在坦克炮技术方面已达世界顶尖水平。

知识点三　硬质合金的分类、代号和用途

硬质合金按用途不同，可分为切削工具用硬质合金，地质、矿山工具用硬质合金和耐磨零件用硬质合金。

1. 切削工具用硬质合金

根据 GB/T 18376. 1—2008 的规定，切削工具用硬质合金牌号按使用领域的不同，可分为 P、M、K、N、S、H 六类，见表 9-13。为了满足不同的使用要求，根据切削工具用硬质合金材料的耐磨性和韧性的不同，各个类别分成若干个组，用 01、10、20……两位数字表示组号。必要时，可在两个组号之间插入一个补充组号，用 05、15、25……表示。

2. 地质、矿山工具用硬质合金

根据 GB/T 18376. 2—2001 的规定，地质、矿山工具用硬质合金用 G 表示，并在其后缀以两位数字组 10、20、30……构成组别号，如 G20、G30、G40 等，根据需要还可在两个组别号之间插入一个中间代号，以中间数字 15、25、35……表示；如果需要再细分时，则可在组代号后加一位阿拉伯数字 1、2、3……或英文字母作为细分号，并用小数点“.”隔开，以区别组别中的不同牌号。地质、矿山工具用硬质合金的代号、用途和性能见表 9-14。

表 9-13　切削工具用硬质合金的分类和使用领域

类别	使用领域
P	长切屑材料的加工，如钢、铸钢、长切屑可锻铸铁等的加工
M	通用合金、不锈钢、铸钢、锰钢、可锻铸铁、合金钢、合金铸铁等的加工
K	短切屑材料的加工，如铸铁、冷硬铸铁、短切屑可锻铸铁、灰铸铁等的加工
N	非铁金属、非金属材料的加工，如铝、镁、塑料、木材等的加工
S	耐热和优质合金材料的加工，如耐热钢，含镍、钴、钛的各类合金材料的加工
H	硬切屑材料的加工，如淬硬钢、冷硬铸铁等材料的加工

表9-14　地质、矿山工具用硬质合金的代号、用途和性能

<table>
<tr><th>分类分组代号</th><th>用途（作业条件）</th><th>性能提高方向</th></tr>
<tr><td>G05</td><td>适用于单轴抗压强度小于60MPa的软岩或中硬岩</td><td rowspan="6">↑耐磨性↑　↓韧性↓</td></tr>
<tr><td>G10</td><td>适用于单轴抗压强度为60～120MPa的软岩或中硬岩</td></tr>
<tr><td>G20</td><td>适用于单轴抗压强度120～200MPa的中硬岩或硬岩</td></tr>
<tr><td>G30</td><td>适用于单轴抗压强度120～200MPa的中硬岩或硬岩</td></tr>
<tr><td>G40</td><td>适用于单轴抗压强度120～200MPa的中硬岩或坚硬岩</td></tr>
<tr><td>G50</td><td>适用于单轴抗压强度大于200MPa的坚硬岩或极坚硬岩</td></tr>
</table>

3. 耐磨零件用硬质合金

根据GB/T 18376.3—2001的规定，耐磨零件用硬质合金用LS、LT、LQ、LV分别表示金属线、棒、管拉制用硬质合金，冲压模具用硬质合金，高温高压构件用硬质合金和线材轧制辊环用硬质合金，并在其后缀以两位数字组10、20、30……构成组别号，如LS20、LT30、LQ30、LV40等，根据需要还可在两个组别号之间插入一个中间代号，以中间数字15、25、35……表示；如果需要再细分时，则可在组代号后加一位阿拉伯数字1、2、3……或英文字母作为细分号，并用小数点“.”隔开，以区别组别中的不同牌号。耐磨零件用硬质合金的代号和用途见表9-15。

表9-15　耐磨零件用硬质合金的代号和用途

分类分组代号		用途（作业条件）
LS	10	适用于金属线材直径小于6mm的拉制用模具、密封环等
	20	适用于金属线材直径小于20mm、管材直径小于10mm的拉制用模具、密封环等
	30	适用于金属线材直径小于50mm、管材直径小于35mm的拉制用模具
	40	适用于大应力、大压缩力的拉制用模具
LT	10	M9以下小规格标准紧固件冲压用模具
	20	M12以下中、小规格标准紧固件冲压用模具
	30	M20以下大、中规格标准紧固件、钢球冲压用模具
LQ	10	人工合成金刚石用顶锤
	20	人工合成金刚石用顶锤
	30	人工合成金刚石用顶锤、压缸
LV	10	适用于高速线材高水平轧制精轧机组用辊环
	20	适用于高速线材较高水平轧制精轧机组用辊环
	30	适用于高速线材一般水平轧制精轧机组用辊环
	40	适用于高速线材预精轧机组用辊环

知识点四　钢结硬质合金

钢结硬质合金的性能介于硬质合金和合金工具钢之间。它是以碳化钨（WC）、碳化钛（TiC）、碳化钒（VC）粉末等为硬质相，以铁粉加少量的合金元素为粘结剂，采用粉末冶金方法制造的烧结材料。这种硬质合金与钢一样，具有较好的可加工性，经退火后可进行切削加工，也可以进行锻造、热处理、焊接加工等。经淬火加低温回火后，其硬度可达70HRC，具有相当于硬质合金的高硬度和高耐磨性，适用于制造各种复杂形状的刀具（如麻花钻、铣刀等）、模具及耐磨零件等。常用钢结硬质合金的牌号有 YE65 和 YE50。

【综 合 训 练】

一、名词解释

1. 时效　2. 黄铜　3. 白铜　4. 青铜　5. 滑动轴承合金　6. 普通黄铜　7. 特殊黄铜　8. 硬质合金

二、填空题

1. 普通黄铜是________、________二元合金，在普通黄铜中再加入其他元素时称________黄铜。

2. 纯铝具有________小、________低、良好的________性和________性，在大气中具有良好的________性。

3. 形变铝合金可分为________铝、________铝、________铝和________铝。

4. 锡基滑动轴承合金是以________为基础，加入________、________等元素组成的合金。

5. 普通黄铜当锌的质量分数小于 39% 时，称为________黄铜，由于其塑性好，适宜________加工；当锌的质量分数大于 39% 时，称为________黄铜，强度高，热态下塑性较好，故适于________加工。

6. 钛也有________现象，882℃以下为________晶格，称为________钛；882℃以上为________晶格，称为________钛。

7. 铸造铝合金有________系、________系________系和________系合金等。

8. 按照合金的化学成分，铜合金可分为________铜、________铜和________铜三类。

9. 钛合金按其使用组织状态的不同，可分为________钛合金、________钛合金和________钛合金。其中________钛合金应用最广。

10. 常用的滑动轴承合金有________基滑动轴承合金、________基滑动轴承合金、________基滑动轴承合金和________基滑动轴承合金等。

11. 切削工具用硬质合金牌号按使用领域的不同，可分为________、________、________、N、S、H 六类。

12. 钢结硬质合金的性能介于________和________之间。

13. 镁合金包括________镁合金和________镁合金两大类。

三、选择题

1. 将相应牌号填入空格内。

硬铝________；防锈铝合金________；超硬铝________；铸造铝合金________；铅黄铜________；铝青铜________。

A. HPb59－1　B. 3A21（LF21）　C. 2A12（LY12）　D. ZAlSi7Mg

E. 7A04(LC4) F. QAl9－4

2. 5A02（LF2）按工艺性能和化学成分划分是________铝合金，属于热处理________的铝合金。

A. 铸造　B. 变形　C. 可强化　D. 不可强化

3. 某一金属材料的牌号为T3，它是________。

A. 碳的质量分数为3%的碳素工具钢　B. 3号加工铜　C. 3号工业纯钛

4. 某一金属材料牌号为QTi3.5，它是________。

A. 钛青铜　B. 球墨铸铁　C. 钛合金

5. 将相应牌号填入空格内。

普通黄铜________；特殊黄铜________；锡青铜________；硅青铜________。

A. H70　B. QSn4－3　C. QSi3－1　D. HAl77－2

四、判断题

1. TA7表示7号α型钛合金。(　　)

2. 特殊黄铜是不含锌元素的黄铜。(　　)

3. 变形铝合金都不能用热处理强化。(　　)

4. 工业纯铝中杂质含量越高，其导电性、耐蚀性及塑性越低。(　　)

5. H80属双相黄铜。(　　)

6. 在砂轮上磨削硬质合金制成的刀具时，可以用水急冷。(　　)

五、简答题

1. 滑动轴承合金应具备什么样的理想组织？

2. 铝合金热处理强化的原理与钢热处理强化的原理有何不同？

3. 硬质合金的性能特点有哪些？

六、课外调研

观察非铁金属材料在日常生活和生产中的应用，查阅有关资料调研非铁金属材料在地球上的储量，并以“如何合理使用有限的非铁金属材料资源”为主题进行交流和研讨。

第十单元 金属材料的选择与分析

【学习目标】

本单元主要介绍金属材料选择的一般原则、金属材料的合理使用及典型零件的选材等内容。在学习过程中，第一，要熟悉各类金属材料的分类和性能；第二，要了解选材的一般原则和程序；第三，积累典型零件（如齿轮、轴、箱体、工具等）在选材、热处理及加工工艺方面的一般经验；第四，要善于观察和分析生活和实习中遇到的机械零件，并利用所学知识进行分析，增加感性认识。

模块一 金属材料的选用原则与程序

机械产品生产的核心是为了获得质优价廉的产品。如果机械产品的制造材料选择不合理，可能会造成机械产品制造成本的增加或影响机械产品质量，从而降低机械产品的竞争力；相反，如果机械产品制造材料选择合理，则产品质量稳定，并会给企业带来良好的经济效益和社会信誉。但是为机械产品筛选制造材料是一个比较复杂的系统工程，需要从多个方面进行综合考虑。下面介绍金属材料选择的一般原则、程序和应用实例。

知识点一 机械零件失效形式分析

失效是指机械零件在使用过程中失去规定功能的现象。机械零件失效的具体表现如下：

1）完全破坏，不能工作。

2）虽然能工作，但达不到设计的规定功能。

3）零件损坏严重，如果继续工作，不能保证安全性和可靠性。

机械零件没有达到预定的使用寿命就失去应有功能的现象称为早期失效。早期失效会带来经济损失，甚至会产生意想不到的问题。机械零件已达到预定的使用寿命而在超期服役中产生的失去应有功能的现象称为超期服役失效。

机械零件失效的具体形式是多种多样的，经归纳分析后，可以将失效分为过量变形失效、断裂失效和表面损伤失效三大类。

1）过量变形失效是指机械零件在外力作用下发生整体或局部的过量变形现象。过量变形失效分为过量弹性变形失效和过量塑性变形失效。例如，弹簧在使用中发生过量弹性变形，导致弹簧的功能失效，就属于过量弹性变形失效。

2）断裂失效是指机械零件完全断裂而无法工作的失效，如钢丝绳在吊装中断裂、车轴在运行中发生断裂等，均属于断裂失效。断裂失效可分为塑性断裂、脆性断裂、疲劳断裂、蠕变断裂、腐蚀断裂、冲击载荷断裂、低应力脆性断裂等。其中低应力脆性断裂和疲劳断裂是没有前兆的突然断裂，往往会造成灾难性事故，因此最危险。

3）表面损伤失效是指机械零件在工作中因机械和化学的作用，使其表面损伤而造成的失效。表面损伤失效可分为表面磨损失效、表面腐蚀失效和表面疲劳失效（疲劳点蚀）三类。例如，滑动轴承的轴颈或轴瓦的磨损、齿轮齿面的点蚀或磨损等，就属于表面损伤失效。

一般来说，一个机械零件失效时可能包含几种失效形式，但总有一种失效形式是起主导作用的。同时，引起机械零件失效的原因很多，主要涉及机械零件的结构设计、金属材料选择、加工制造过程、装配、使用保养、服役环境（高温、低温、室温、变化温度）、环境介质（有无腐蚀介质、有无润滑剂等）及载荷性质（静载荷、冲击载荷、循环载荷）等方面。

分析机械零件失效的原因是一个复杂和细致的工作。进行失效分析时，应注意及时收集失效零件的残骸，了解失效的部位、特征、环境、时间等，并查阅有关原始资料和记录，进行综合分析，有时还需利用各种测试手段或模拟实验进行辅助分析。在排除其他原因后，确定主要失效因素，建立失效模型，提出改进措施。如果制作零件的金属材料是失效的主要因素，则需根据失效模型，提出所需金属材料的牌号及合理的性能指标等。

知识点二　金属材料选用的一般原则

金属材料的选用应考虑其使用性能、工艺性能及经济性三个方面。只有对这三个方面进行综合的权衡，以金属材料满足使用性能为出发点，才能使金属材料发挥出最佳的社会效益和经济效益。

一、金属材料的使用性能

金属材料的使用性能是指金属材料为保证机械零件或工具正常工作而应具备的性能，包括力学性能、物理性能和化学性能。对于机械零件和工程构件，最重要的是力学性能。要确定某一零件对金属材料力学性能的具体要求，就要正确地分析零件的工作条件，包括受力状态、载荷性能、工作温度、环境条件等方面的因素。

受力状态有拉、压、弯、扭等；载荷性质有静载荷、冲击载荷、循环载荷等；工作温度可分为高温、室温和低温；环境条件有加润滑剂的，有接触酸、碱、盐、海水、粉尘、磨粒的等。此外，有时还需考虑导电性、磁性、膨胀性、导热性等特殊要求。根据零件服役条件的分析，先确定该零件的失效形式，然后再根据零件的形状、尺寸、载荷等因素，确定金属材料性能指标的具体数值。有时通过改进强化方法，可以将廉价的金属材料制成性能更好的零件。所以，选择金属材料时要把金属材料的化学成分与强化手段紧密结合起来综合考虑。

二、金属材料的工艺性能

制造每一个零件都要经过一系列的加工过程，而加工过程对产品质量的影响是占主要地位的。因此，将金属材料加工成零件的难易程度，将直接影响零件的质量、生产率和加工成本。

金属材料的加工过程比较复杂，若选用的加工方法是铸造，则最好选用铸造性能好的金属材料，以保证其有较好的流动性；若选用的是锻件、冲压件，则最好选择塑性较好的金属材料；若选用的是焊接结构件，则最适宜的金属材料是低碳钢或低合金高强度结构钢。

工艺性能中最突出的问题是可加工性和热处理工艺性，因为绝大多数金属材料需经过切削加工和热处理。为了便于切削，一般都希望钢铁材料的硬度控制在 170～230HBW。另外，在金属材料的化学成分确定后，还可借助于热处理来改善金属材料的可加工性和使用性能。

金属材料的使用性能在很大程度上决定于热处理。非合金钢的淬透性差、强度不高，加热时容易过热而使晶粒粗大，淬火时容易变形与开裂。因此，制造高强度及大截面、形状复杂的零件，应选用低合金钢或合金钢。

三、金属材料的经济性

在满足使用性能的前提下，选用金属材料时应注意降低零件加工的总成本。零件加工的总成本包括金属材料本身的价格、加工费及其他费用，有时甚至还包括运费与安装费用。

在金属材料中，非合金钢和铸铁的价格都比较低廉，而且加工方便。因此，在能满足零件力学性能与工艺性能的前提下，选用非合金钢和铸铁可降低成本。对于一些只要求表面性能高的零件，可选用廉价钢种进行表面强化处理来达到使用要求。另外，在考虑金属材料的经济性时不宜单纯地以单价来比较金属材料的优劣，而应以综合经济效益来评价金属材料的经济性。

此外，在选择金属材料时应立足我国的资源条件，考虑我国金属材料的生产和供应情况。对企业来说，所选金属材料的种类、规格应尽量少而集中，以便于统一采购和管理。

知识点三　金属材料选择的一般程序

1）对零件的工作特性和使用条件进行周密分析，找出其失效（损失）形式，从而合理地确定金属材料的主要力学性能要求。

2）根据零件工作条件和使用环境，对零件的设计和制造提出相应的技术要求、加工工艺和加工成本等指标。

3）根据所提出的技术要求、加工工艺和加工成本等方面的指标，借助各种金属材料选择手册对金属材料进行预选。

4）对预选金属材料进行核算，以确定是否满足使用性能要求。

5）对金属材料进行二次选择，分析其工艺性能是否良好，经济性是否合理。

6）通过试验、试生产和检验，最终确定合理的选材方案。

金属材料选择的具体程序如图 10-1 所示。

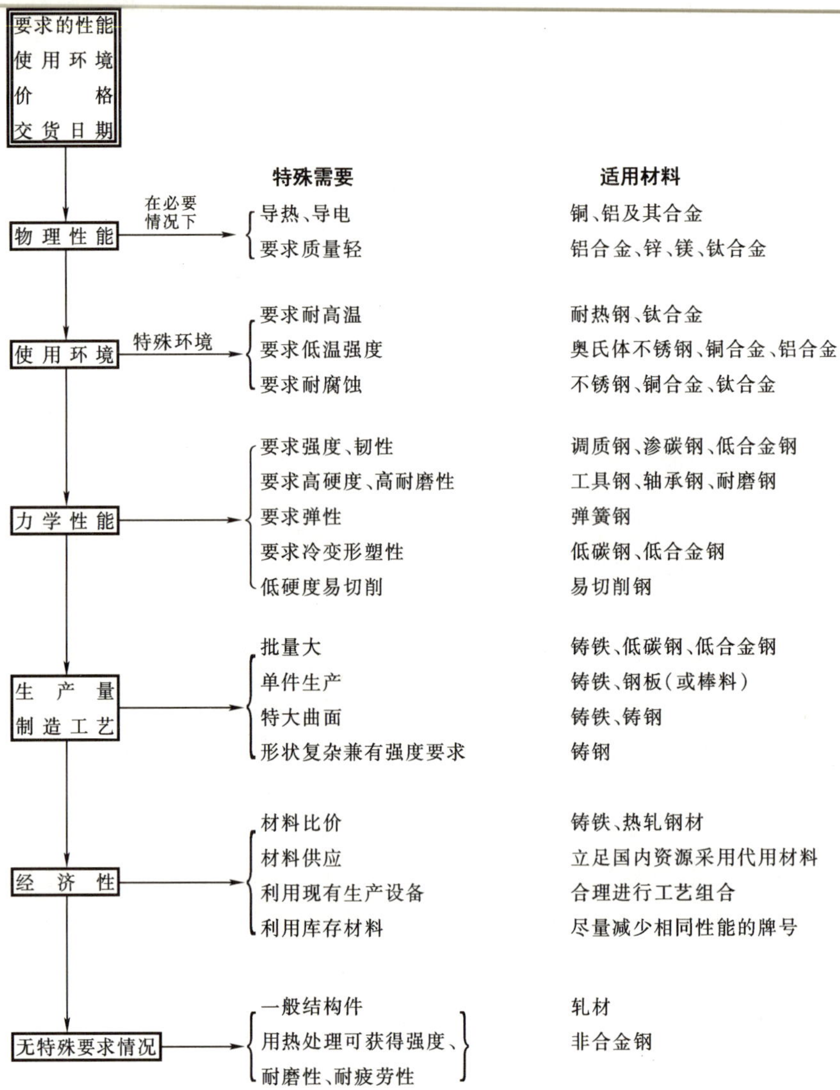

图 10-1　金属材料选择的具体程序

模块二　金属材料的合理使用

知识点一　铸铁与钢的合理使用

钢在强度、韧性和塑性等方面均优于铸铁。每种金属材料都有自己的优缺点，关键在于是否使用得当。铸铁是在钢的基体（铁素体和珠光体）上分布着各种形状的石墨，而石墨本身是良好的润滑剂，同时石墨坑又能储油，所以铸铁在耐磨性方面优于钢。例如，气缸体、活塞环、机床导轨等多采用铸铁制造；曲轴和齿轮采用球墨铸铁贝氏体等温淬火已获得良好的经济效果；汽车曲轴原采用 45 钢调质、机械加工后轴颈高频感应淬火，若改为稀土–镁球墨铸铁制造后，仅需正火、机械加工和轴颈高频感应淬火，每根曲轴可节约十元左右成本。

此外，铸铁还有良好的工艺性，如几何形状复杂，中空的壳体零件、气缸体、变速器箱体等用锻造或焊接方法都有困难，而采用铸铁材料进行铸造则较为容易。

知识点二　非合金钢、低合金钢和合金钢的合理使用

过去人们认为非合金钢会被合金钢所取代，后来经过人们长期的实践经验，发现非合金钢的潜力尚未充分发挥，而合金元素的供应又受到资源与价格的限制。因此，世界各国的钢号至今仍保留一定数量的非合金钢。例如，在下列场合可不用低合金钢或合金钢，而优先采用非合金钢。

1）小截面零件，因易淬透，无须选用低合金钢或合金钢。

2）在退火或正火状态下使用的中碳合金钢，因合金元素未发挥作用，故用非合金钢也可满足使用要求。

3）承受纯弯曲或纯扭转的零件，其表面应力最大，心部应力最小。这类零件不要求整个截面淬透，仅要求表层淬硬获得马氏体，故选用非合金钢也可满足使用要求。

知识点三　非铁金属材料的合理使用

非铁金属材料具有多种特殊的性能，如铝及铝合金具有密度小，耐蚀性、导电性、导热性、工艺性能好等优点；铜及铜合金具有良好的耐磨性、耐蚀性，导电性、导热性、工艺性能好，装饰性好等优点。因此，用铝及铝合金制造汽车用零件、摩托车发动机、散热器等，在相等的强度下，其质量较钢材轻；用铜及铜合金制造电子元件、精密仪器的齿轮、弹性元件、滑动轴承、散热器等，在使用寿命、安全性、稳定性等方面较其他金属高。一般来说，零件在承受载荷小、要求质量轻、耐腐蚀及速度较低的情况下，可以选择非铁金属材料。

知识点四　特殊环境和特殊性能要求时金属材料的选择

在某些特殊环境下工作的零件，对金属材料的性能提出了特殊的（如耐腐蚀、耐热、导热、导电、导磁等）要求，如储存酸、碱的容器和管道等，需要选择耐蚀性好的金属材料（如耐蚀铸铁、耐候钢、不锈钢、钛及钛合金等）；在高温下工作的零件，需要选择耐热铸铁、耐热钢、钛及钛合金、高温合金等；

小资料　有记忆力的金属

法国研制出了一种奇妙的合金，并用其制作了一个雕刻艺术品，悬挂在凯旋门下。这件艺术品会随着四季不同的气温呈现出不同的形态。用这种记忆合金制成钉子安装在汽车轮胎的外胎上，一旦气温降低到0℃以下，公路结冰时，钉子就会“记得”从外胎内伸出来，防止汽车在结冰的公路上打滑。

需要耐高温、耐腐蚀、质量轻的零件，则应选择钛合金等金属材料。

模块三 典型零件金属材料选择实例

知识点一 齿轮类零件的选材

齿轮在机器中的主要作用是传递功率与调节速度。在工作时，齿轮通过齿面的接触传递动力，周期性地承受弯曲应力和接触应力。在啮合的齿面上，随着强烈的摩擦，有些齿轮在换档、起动或啮合不均匀时还承受冲击力作用。因此，要求制造齿轮的金属材料具有较高的弯曲疲劳强度和接触疲劳强度；齿面有较高的硬度和耐磨性；齿轮心部要有足够的强度和韧性。齿轮毛坯通常用钢材锻造，采用的主要钢种有调质钢和渗碳钢。

1. 调质钢

调质钢主要用于制造两种齿轮：一种是对耐磨性要求较高而对冲击韧度要求一般的硬齿面（>40HRC）齿轮，如车床、钻床、铣床等机床的主轴箱齿轮，通常都采用 45 钢、40Cr 钢和 42SiMn 钢等，经调质处理后进行高频感应淬火，再低温回火。其加工工艺路线如下：

毛坯锻造（或轧材下料）→退火或正火→粗加工→调质→精加工→感应加热表面淬火→低温回火→磨削加工。

另一种是对齿面硬度要求不高的软齿面（≤350HBW）齿轮，这类齿轮一般都在低速、低载荷下工作，如车床滑板上的齿轮、车床交换齿轮等，通常都采用 40Cr、40MnVB、42SiMn 和 35SiMn 等钢，经调质或正火处理后使用。其加工工艺路线如下：

毛坯锻造（或轧材下料）→退火或正火→粗加工→调质→精加工。

2. 渗碳钢

渗碳钢主要用于制造高速、重载、冲击力较大的硬齿面（>55HRC）齿轮，如汽车变速器齿轮、汽车驱动桥齿轮等，常用 20CrMnTi 钢、20CrMnMo 钢、20MnVB 钢、20CrMo 钢、20Cr 钢、20Cr2Ni4 钢、30CrMnTi 钢等，经渗碳、淬火和低温回火后，得到表面硬而耐磨，心部韧性好、耐冲击的组织。其加工工艺路线如下：

毛坯锻造（或轧材下料）→正火→机加工→渗碳→淬火→低温回火→磨齿。

知识点二 轴类零件的选材

轴是机器中最基本、最关键的零件之一，其主要作用是支承传动零件并传递运动和动力。轴类零件具有以下几个共同特点：都要传递一定的转矩，可能还承受一定的弯曲应力或拉压应力；都需要用轴承支承，在轴颈处应具有较高的耐磨性；绝大多数要承受一定程度的冲击载荷。因此，用于制造轴类零件的材料应满足以下性能要求。

1）具有优良的综合力学性能，以防变形和断裂。

2）具有较高的抗疲劳能力，以防疲劳断裂。

3）具有良好的耐磨性。

在具体选材时，可以根据轴的不同受力情况进行选材，具体的选材分类情况如下：

1. 承受循环应力和动载荷的轴类零件

承受循环应力和动载荷的轴类零件，如船用推进器轴、锻锤锤杆等，应选用淬透性好的调质钢，如 30CrMnSi 钢、35CrMn 钢、40MnVB 钢、40CrMn 钢和 40CrNiMo 钢等。

2. 主要承受弯曲和扭转应力的轴类零件

主要承受弯曲和扭转应力的轴类零件，如主轴箱传动轴、发动机曲轴、机床主轴等，在整个截面上所受的应力分布不均匀，表层应力较大、心部应力较小，不需选用淬透性很高的钢种，可选用合金调质钢，如汽车主轴常采用 40Cr 钢、45Mn2 钢等或 20CrMnTi 钢等渗碳钢。

3. 高精度、高速传动的轴类零件

高精度、高速传动的轴类零件，如镗床主轴常选用渗氮钢 38CrMoAlA 钢等，并进行调质及渗氮处理。

4. 中低速内燃机曲轴以及连杆、凸轮轴

对中低速内燃机曲轴以及连杆、凸轮轴，可以用球墨铸铁制造，不仅满足了力学性能要求，而且制造工艺简单，成本低。

知识点三　箱体类零件的选材

主轴箱、变速器、进给箱、滑板箱、缸体、缸盖、机床床身等都可视为箱体类零件。由于箱体零件大多结构复杂，一般都是用铸造方法来生产的。对于一些受力较大，要求高强度、高韧性甚至在高温高压下工作的箱体类零件，如汽轮机机壳，可选用铸钢；对于一些受冲击力不大，而且主要承受静压力的箱体，可选用灰铸铁（如 HT150、HT200 等）；对于受力不大，要求自重轻或导热性良好的箱体，要选用铸造铝合金，如汽车发动机的缸盖、摩托车发动机缸体等；对于受力较大，但形状简单的箱体，可采用钢材（如 Q235、20 钢、16Mn 钢等）焊接制成。

知识点四　常用工具的选材

常用工具主要指锉刀、手用锯条、刀具、常用五金、工具等。

1. 锉刀

锉刀是钳工工具，要求有高的硬度（刃部为 64～67HRC）和耐磨性，通常用 T12 钢制造。

2. 手用锯条

手用锯条要求高硬度、高耐磨性、较好的韧性和弹性，通常用 T10、T12 钢或 20 钢渗碳制造。其热处理一般都采用淬火加低温回火，对销孔处单独进行处理以降低该处硬度。大批生产时，可采用高频感应淬火，使锯齿淬硬，并保证锯条整体的韧性和弹性。

3. 刀具

刀具是金属切削加工的主要工具。切削加工时，刀具与工件之间产生强烈的摩擦和磨损，而且刀具承受高温作用。这种工作条件要求刀具材料应该具有高硬度、高耐磨性和热硬性。通常刀具的硬度应达到 62HRC 以上。一般刀具的制造都选用合金工具钢，如 W18Cr4V、CrWMn、9SiCr 等钢，其热处理工艺为淬火加回火。

4. 常用五金工具

表 10-1 列出了部分常用五金工具的选材和硬度要求。

表 10-1 部分常用五金工具的选材和硬度要求

工具名称	材料	工作部分硬度 HRC	工具名称	材料	工作部分硬度 HRC
钢丝钳	T7、T8	52 ~ 60	活扳手	45 钢、40Cr 钢	41 ~ 47
鲤鱼钳	50 钢	48 ~ 54	双头扳手	45 钢、40Cr 钢	41 ~ 47
钳工锤	50 钢、T7、T8	49 ~ 56	螺钉旋具	50 钢、60 钢、T7	48 ~ 52
旋具	50 钢、60 钢、T7	48 ~ 52	钻头	W18Cr4V、硬质合金	55 ~ 62

【综 合 训 练】

一、简答题

1. 机械零件失效的具体形式有哪些？引起机械零件失效的原因主要涉及哪些方面？
2. 选用金属材料时应注意哪些原则？
3. 选择金属材料的一般程序是什么？
4. 哪些场合可以尽量使用非合金钢而不使用低合金钢或合金钢？

二、课外研讨

以日本开发的机电产品（如汽车、电器、录像机等）为调研对象，查阅有关资料，分析日本机电产品在充分利用材料方面的优势，并说明我们应该从中借鉴哪些有益的经验。

参 考 文 献

[1] 王雅然. 金属工艺学 [M]. 2 版. 北京: 机械工业出版社, 1999.
[2] 王英杰. 机械工程材料 [M]. 北京: 机械工业出版社, 2014.
[3] 丁树模, 刘跃南. 机械工程学 [M]. 4 版. 北京: 机械工业出版社, 2014.
[4] 孙学强. 机械制造基础 [M]. 2 版. 北京: 机械工业出版社, 2014.
[5] 王英杰. 金属工艺学 [M]. 北京: 机械工业出版社, 2009.
[6] 姜敏凤. 金属材料及热处理知识 [M]. 北京: 机械工业出版社, 2005.
[7] 梁耀能. 工程材料及加工工程 [M]. 北京: 机械工业出版社, 2005.
[8] 朱莉, 王运炎. 机械工程材料 [M]. 北京: 机械工业出版社, 2005.
[9] 王正品, 张路, 要玉宏. 金属功能材料 [M]. 北京: 化学工业出版社, 2004.
[10] 李献坤, 兰青. 金属材料及热处理 [M]. 北京: 中国劳动社会保障出版社, 2007.
[11] 赵程, 杨建民. 机械工程材料 [M]. 2 版. 北京: 机械工业出版社, 2007.
[12] 颜银标. 工程材料及热成型工艺 [M]. 北京: 化学工业出版社, 2004.
[13] 蔡珣. 表面工程技术工艺方法 400 种 [M]. 北京: 机械工业出版社, 2006.
[14] 王学武. 金属表面处理技术 [M]. 2 版. 北京: 机械工业出版社, 2014.
[15] 曹国强. 机械工程概论 [M]. 北京: 航空工业出版社, 2008.
[16] 裴炳文. 数控加工工艺与编程 [M]. 北京: 机械工业出版社, 2005.
[17] 梁戈, 时惠英. 机械工程材料与热加工工艺 [M]. 北京: 机械工业出版社, 2007.
[18] 王先逵. 材料及热处理 [M]. 北京: 机械工业出版社, 2008.
[19] 杨江河. 精密加工实用技术 [M]. 北京: 机械工业出版社, 2007.
[20] 邓三硼, 马苏常. 先进制造技术 [M]. 北京: 中国电力出版社, 2006.